安徽省2020年度高等学校质量工程项目"一流教材"
安徽省2023年度高等学校质量工程项目"规划教材"

 高等学校规划教材·化学化工系列

物理化学实验

(第2版)

主　编　吴振玉　古莉娜
副主编　陈培荣　邓崇海　姚成立　孟祥珍
编　委（按姓氏笔画排序）
　　　　王　新　王黎丽　方　芳　邓崇海
　　　　邓慧娟　古莉娜　叶桂生　史丽丽
　　　　李　村　吴庆云　杨绳岩　吴振玉
　　　　陈　平　陈培荣　郁建华　孟祥珍
　　　　姚成立　梅　玉　彭夫敏

北京师范大学出版集团
BEIJING NORMAL UNIVERSITY PUBLISHING GROUP
安徽大学出版社

图书在版编目(CIP)数据

物理化学实验/吴振玉,古莉娜主编. —2版. 合肥:安徽大学出版社,2024.7
(2025.7重印)
高等学校规划教材. 化学化工系列
ISBN 978-7-5664-2727-4

Ⅰ. ①物… Ⅱ. ①吴… ②古… Ⅲ. ①物理化学－化学实验－高等学校－教材
Ⅳ. ①O64－33

中国国家版本馆 CIP 数据核字(2023)第 247559 号

物理化学实验(第2版)
WULI HUAXUE SHIYAN

吴振玉 古莉娜 主编

出版发行:	北京师范大学出版集团
	安 徽 大 学 出 版 社
	(安徽省合肥市肥西路3号 邮编230039)
	www.bnupg.com
	www.ahupress.com.cn
印　　刷:	安徽联众印刷有限公司
经　　销:	全国新华书店
开　　本:	787 mm×1092 mm　1/16
印　　张:	11.5
字　　数:	227 千字
版　　次:	2024 年 7 月第 2 版
印　　次:	2025 年 7 月第 2 次印刷
定　　价:	38.00 元

ISBN 978-7-5664-2727-4

策划编辑:刘中飞　陈玉婷	装帧设计:李　军
责任编辑:陈玉婷	美术编辑:李　军
责任校对:王梦凡	责任印制:赵明炎

版权所有　侵权必究
反盗版、侵权举报电话:0551—65106311
外埠邮购电话:0551—65107716
本书如有印装质量问题,请与印制管理部联系调换。
印制管理部电话:0551—65106311

物理化学实验是高等学校化学、应用化学、化学工程与工艺、材料化学、材料物理、新能源材料与器件、高分子材料与工程及生物医药、食品、环境、冶金、农林类专业重要的专业基础课。它能帮助学生理解、掌握物理化学的理论知识，锻炼分析、解决实际问题的能力，培养创新思维和科学研究的基本素养。

2019年，安徽大学化学化工学院物理化学实验教研组牵头，联合安徽农业大学、合肥学院（更名为合肥大学）、合肥师范学院和巢湖学院的部分物理化学实验指导教师，编写了《物理化学实验》。本书第1版出版后不仅获得用书院校师生的一致好评，还被评为安徽省2020年度高等学校质量工程项目"一流教材"和2023年度高等学校质量工程项目"规划教材"。

随着项目建设的推进和实验教学内容的更新，作者团队一致决定对教材进行修订再版。本次修订情况如下：

(1)结构调整。删除研究设计型综合实验，合并基础实验和选修实验，同时增加偏摩尔体积的测定、X射线衍射分析等实验，并按照实验的基本原理重新梳理本书结构，将实验分为热力学实验、动力学实验、电化学实验、表面化学与胶体大分子实验和结构化学实验。

(2)增加"实验探究与拓展"模块。将实验改进与设计相关内容直接融入具体实验，以培养学生的拓展性思维和科学素养，帮助学生更好地应对全国大学生化学实验创新设计大赛等竞赛。

(3)更新实验仪器与方法。根据实验仪器设备更新及实验方案改进情况，对书稿中相关内容进行修订。

(4)增补视频资源。作者团队录制了本书中大部分实验的操作演示视频，以二维码形式附在书中，可供读者扫码观看。

除此之外，本次修订对第1版教材使用过程中发现的一些错误进行了修正，对可改进之处进行了完善。

本书编写过程中参考了许多优秀教材和网络资料，谨向其作者表示衷心的感谢！

本书的修订工作得到了安徽省高等学校质量工程项目的大力支持，在此表示衷心的感谢！同时，我们也要感谢省内兄弟院校对本书的认可和支持！

由于编者水平有限，编写时间仓促，书中不足之处在所难免，恳请各位读者批评指正。

吴振玉

2023 年 12 月

扫码查看文献值

目录 Contents

第1章 绪 论 ... 1

第1节 物理化学实验的目的与要求 ... 1
第2节 物理化学实验中的误差与数据处理 ... 3
第3节 实验室安全与环境保护 ... 9

第2章 热力学实验 ... 12

实验1 纯液体饱和蒸气压的测定 ... 12
实验2 燃烧热的测定 ... 17
实验3 中和热的测定 ... 22
实验4 凝固点降低法测定蔗糖的分子量 ... 26
实验5 二组分固-液相图的绘制 ... 31
实验6 双液系气-液平衡相图的绘制 ... 37
实验7 偏摩尔体积的测定 ... 43

第3章 动力学实验 ... 47

实验8 旋光法测定蔗糖转化反应的速率常数 ... 47
实验9 电导法测定乙酸乙酯皂化反应的速率常数 ... 52
实验10 丙酮碘化反应速率常数的测定 ... 57
实验11 量气法测定 H_2O_2 催化分解反应的速率常数 ... 62
实验12 BZ 振荡反应 ... 67

第4章 电化学实验 ... 71

实验13 离子迁移数的测定 ... 71
实验14 原电池电动势的测定 ... 76
实验15 电导法测定弱电解质的电离度和电离平衡常数 ... 83
实验16 离子选择性电极法测定饮用水及饲料中的游离氟 ... 88

实验 17　铁的极化和钝化曲线的测定 …………………………………… 92
实验 18　电势-pH 曲线的测定 ……………………………………………… 99
实验 19　旋转圆盘电极研究氧的阴极电催化还原反应 ………………… 104

第 5 章　表面化学与胶体大分子实验 …………………………………… 108

实验 20　最大泡压法测定溶液的表面张力 ……………………………… 108
实验 21　溶液吸附法测定活性炭的比表面积 …………………………… 115
实验 22　低温氮吸附法测定多孔材料的比表面积及孔径分布 ………… 118
实验 23　洗手液的研制及性能测定 ……………………………………… 124
实验 24　胶体制备及其 ζ 电势的测定 …………………………………… 129
实验 25　黏度法测定水溶性高聚物的分子量 …………………………… 137

第 6 章　结构化学实验 …………………………………………………… 145

实验 26　五水硫酸铜水合结构的测定 …………………………………… 145
实验 27　络合物磁化率的测定 …………………………………………… 151
实验 28　X 射线衍射分析实验 …………………………………………… 159

附　录 ……………………………………………………………………… 165

附录 1　物理化学实验习题汇编 …………………………………………… 165
附录 2　物理化学实验报告模板 …………………………………………… 175

参考文献 …………………………………………………………………… 177

 绪 论

第1节 物理化学实验的目的与要求

物理化学实验的目的在于培养学生的实验能力,帮助学生了解常见物理量(如温度、压力)及电性质、光性质等的测量原理和方法,掌握有关仪器的正确使用方法,学习对测量结果进行科学分析与处理的方法;同时,通过实验巩固、加深对物理化学原理的理解,为今后从事科研工作打下必要的基础。物理化学实验大多具有综合性,涉及化学领域各分支的基本实验原理和方法。为使学生在学习物理化学实验后有所收获,必须对学生进行严格的基本操作训练并提出明确的要求。

一、实验前准备

1. 充分预习实验内容,了解实验的目的,掌握实验的基本原理,明确需要进行测量的项目和记录的数据,了解所用仪器的构造和操作规程,做到心中有数。

2. 撰写实验预习报告,内容包括实验目的、实验原理、简单的操作步骤及实验时要记录的数据和现象等(可列成表,写在实验记录中),实验前须将实验预习报告交给指导教师检查。

二、实验过程

1. 实验室内必须穿戴实验防护用品(如实验服),严禁穿拖鞋、凉鞋等,同时注意保持头发、衣着整齐,以免在实验中造成不必要的伤害。

2. 进入实验室后不得大声喧哗,应按编号找到指定的实验台,按仪器使用登记本核对仪器。

3. 不了解仪器使用方法时,不得乱试,不得擅自拆卸仪器。仪器装置安装好后,必须先经指导教师检查,检查无误后方可进行实验。

4. 如遇仪器损坏,应立即报告教师,查明原因并登记。

5. 按实验教材进行实验操作,不得随意更改。若有更改意见,须与指导教师沟通,指导教师同意后方可更改。

6. 不得随意变动公用仪器及试剂瓶的位置,用完要立即放回原处。

7. 充分利用实验时间，观察现象，记录数据。

8. 实验数据应及时记在实验记录中，不要记在纸片上。数据记录要详细准确，字迹要清楚，尽量采用表格形式。

9. 实验过程中，对实验室安全操作应予以高度重视，严格按要求进行实验。

10. 严禁随意混合药品，严禁将试剂或药品带出实验室。

11. 实验结束后，应及时将实验数据交给指导教师检查。如不合格，须补做或重做。

12. 实验结束后，应及时清理实验桌，拆卸实验装置，清洗仪器，保持实验室整洁。经指导教师同意后，方可离开实验室。

三、实验报告

1. 实验报告内容包括实验目的、简单原理、仪器装置示意图、实验条件（温度、大气压等）、实验记录、数据处理、结果分析、思考题及讨论等。一份好的实验报告要求目的明确、原理清晰、数据准确、作图合理、讨论深入、字迹清楚。

2. 理解数据处理的原理、方法、步骤，仔细计算，正确表示实验结果。实验数据尽可能采用表格形式记录，作图要用坐标图纸。实验报告的重点应放在实验数据处理和对实验结果的分析讨论上。

3. 实验数据处理应独立进行，不得与他人合写一份报告。

第2节 物理化学实验中的误差与数据处理

一、误差的分类

在实验中,直接测定一个物理量时,测量值(X_i)与真值(X)不可能完全一致,其差值(X_i-X)即误差。根据误差的来源及其特点,可将误差分为以下三类。

(一)系统误差

系统误差是由仪器刻度不准、试剂不纯、实验者操作不合理以及计算公式的近似性等引起的。可以采用不同的仪器与方法测同一物理量,观察结果是否一致,达到识别系统误差的目的。系统误差的特点是单向性,即在多次测量中,其误差常保持同一大小与符号(偏大的始终偏大,偏小的总是偏小)。所以,不能通过增加测量次数取平均值来消除系统误差。但是,校正仪器、提纯试剂、改正实验者操作偏向等措施,可使系统误差降至最低程度。

(二)偶然误差

偶然误差是由不受控制的偶然因素引起的,如外界条件不能维持绝对恒定(电路中电压不稳、恒温槽中温度波动等)以及实验者对仪器最小分度以下值的估计存在出入等。偶然误差的数据有时大,有时小,可以为正值,也可以为负值。其出现具有偶然性,其规律受统计学的概率支配。因此,在同一条件下,通过增加测量次数减小误差,测量的平均值就可接近真值。

(三)过失误差

过失误差是由实验条件的突然变化或实验者的操作、计算差错引起的。过失误差属于错误,过失误差无规律可循,只要认真操作,便可避免。

上述三类误差的大小取决于设备的优劣、实验条件控制水平和实验者操作水平的高低。在实验中,应消除系统误差,减少偶然误差,避免过失误差。

二、误差的表示

(一)准确度与精密度

准确度反映测量值与真值之间的符合程度,即测量准不准。精密度反映测量结果的重复性。例如,在101.325 kPa条件下测定苯的沸点,每次测定的前三位有效数字都是81.3,差别在于小数点后第二位。这组数据是很精密的,但是准确度很低,因为101.325 kPa条件下苯的沸点应为80.1 ℃。由此可见,高精密度不等于高准确度,而高准确度却要高精密度来保证。测量中系统误差越小,准确度越高;偶然误差越小,精密度越高。

(二)绝对误差与相对误差

测量值与真值之差称为绝对误差,即
$$\delta_i = X_i - X$$
绝对误差与真值之比称为相对误差,即
$$A_i = \frac{\delta_i}{X} = \frac{X_i - X}{X} \times 100\%$$
可见,相对误差不仅与绝对误差有关,还取决于被测量值的大小,便于比较不同的测量结果。

(三)平均偏差与标准偏差

在实际分析测量工作中,通常用偏差来衡量所得结果的精密度。偏差 d_i 表示测量值 X_i 与平均值 $\overline{X}$ 的差值。
$$d_i = X_i - \overline{X}$$
$$\overline{X} = \frac{X_1 + X_2 + \cdots + X_n}{n} = \frac{1}{n}\sum_{i=1}^{n} X_i$$
显然,$\sum_{i=0}^{n} d_i = 0$。

测定次数不多时,通常用平均偏差 $\overline{d}$ 表示测量结果的精密度。
$$\overline{d} = \frac{1}{n}\sum_{i=1}^{n} |d_i|$$
测定次数较多时,使用标准偏差 S 来表示一组平行测定值的精密度。
$$S = \sqrt{\sum_{i=1}^{n} \frac{(X_i - X)^2}{n-1}}$$
经平方运算后,标准偏差可将较大的偏差更显著地表现出来。

(四)仪器读数的精度

消除系统误差后,可根据使用仪器的精度估计测量的可能误差范围。例如:一等分析天平的精度为 0.0001 g;1/10 温度计的精度为 0.02 ℃;50 mL 移液管的精度为 0.12 mL;100 mL 容量瓶的精度为 0.10 mL。用 1/10 温度计测得温度为 28.48 ℃,可表示为 (28.48±0.02) ℃。

三、有效数字及运算规则

由于测得的物理量或多或少存在误差,一个物理量的数值在数学和物理上有着不同的意义。例如:数学上,1.35 = 1.350 00…;物理上,(1.35±0.01)m ≠ (1.3500±0.0001)m。

物理量的数值不仅反映量的大小、数据的可靠程度,还反映仪器和实验方法的精确度。例如,(1.35±0.01)m 可用普通米尺测量,而(1.3500±0.0001)m 则只能采用更精密的仪器测量。物理量数值中的每一位数字都是有实际意义的。有效数字的位数可表示测量精确度。

1. 误差(绝对误差和相对误差)一般只取一位有效数字,最多不超过两位。

2. 任何一个物理量的有效数字的位数应与误差的位数一致。例如:

  1.35±0.01   正确

  1.351±0.01   夸大了结果的精确度

  1.3±0.01   缩小了结果的精确度

3. 有效数字的位数越多,数值的精确度越大,即相对误差越小。例如:

  (1.35±0.01)m 有三位有效数字,相对误差为 0.7%。

  (1.3500±0.0001)m 有五位有效数字,相对误差为 0.007%。

4. 有效数字的位数与十进制单位的变换无关,与小数的位数也无关。例如,(1.35±0.01)m 与(135±1)cm 一样,都有 0.7% 的误差。但存在另一种情况,如 158 000 这个数值,无法判断后面的三个 0 是用于表示有效数字,还是用于表明数字位数。为了避免这种情况,常常采用科学记数法。例如:若 158 000 表示三位有效数字,则可写成 1.58×10^5;若表示四位有效数字,则可写成 1.580×10^5。科学记数法不仅避免了与有效数字定义的冲突,而且简化了数值的写法,便于计算。

5. 若第一位数值等于或大于 8,则有效数字的总位数可以多算一位。例如,9.15 虽然实际上只有三位有效数字,但在运算时可以按四位有效数字计算。

6. 计算平均值时,若计算四位数或超过四位数的平均值,则平均值的有效数字位数可增加一位。

7. 直接量度值都要记录到仪器刻度的最小估计读数,即记录到第一位可疑数字。例如,滴定管的最小刻度数为 0.1 mL,而读数时要读到 0.01 mL。

8. 进行加减运算时,各数值的小数点后所取的位数与其中小数点后位数最少者相同。例如:

$$0.25+21.2+1.23=0.3+21.2+1.2=22.7$$

$$21.21-0.2234=21.21-0.22=20.99$$

9. 进行乘除运算时,所得的积或商的有效数字位数与各值中有效数字位数最少者相同。例如:

$$2.3\times0.524=2.3\times0.52=1.196=1.2$$

$$\frac{5.32}{2.801}=\frac{5.32}{2.80}=1.90$$

10. 进行对数运算时,对数的位数应与真数的有效数字位数相等。例如:

$$\lg(1.32\times10^3)=3.12$$

11. 对于 π、$\sqrt{2}$ 及有关常数,可根据需要任意取其有效数字位数。

四、实验结果的表示

实验结果的表示法主要有三种:列表法、作图法和图解法。

(一)列表法

实验结束后,应尽可能以表格的形式将数据清晰地展现出来,这样不仅便于处理运算,而且易于检查,可减少差错。列表时应注意以下几点:

1. 每个表都应有简明而又完善的名称。
2. 在表的每一行或每一列的第一栏,要详细地写出名称、单位。
3. 表中的数据应用简单的形式表示,在第一栏的名称下注明公共的乘方因子。
4. 每一行的数字排列要整齐。
5. 原始数据可与处理结果列在一张表上,在表下注明处理方法和运算公式。

(二)作图法

1. 作图法的优点。首先,它能直接展现数据的特点,如极大、极小、转折点等;其次,可对数据作进一步处理,如利用图形作切线、求面积,用处极为广泛。

2. 作图法的应用。

(1)求内插值。根据实验所得的数据,作出函数间的关系曲线,然后找出与某函数对应的物理量的数值。

(2)求外推值。在某些情况下,测量数据间的线性关系可外推至测量范围以外,用于求某一函数的极限值,此种方法称为外推法。例如,强电解质无限稀释溶液的摩尔电导率 Λ_m^∞ 不能由实验直接测定,但可测定稀溶液的摩尔电导率,然后作图外推至浓度为 0,即得无限稀释溶液的摩尔电导率。

(3)通过作切线求函数的微商。由曲线的斜率求函数的微商,此方法在数据处理中经常用到。

(4)通过求面积计算相应的物理量。例如,在计算电量时,用电流和时间作图,求出曲线所包围的面积即可。

(5)求转折点和极值。这是作图法最突出的优点之一,常用于恒沸点的测定、相界的测定等。

3. 作图步骤。

(1)选择坐标纸和比例尺。直角坐标纸最为常用,有时也可选用半对数坐标纸,而在绘制三组分体系相图时常用三角坐标纸。

在用直角坐标纸作图时,以自变量为横坐标,以因变量为纵坐标,横坐标与纵坐标的读数不一定从 0 开始,应视具体情况而定。坐标轴上比例尺的选择极为重要,若比例尺改变,则曲线形状也改变。因此,若选择不当,可能无法清晰地展示曲线上某些关键特征,如极大值、极小值或转折点。

比例尺的选择应遵守如下规则:

①能表示全部有效数字,使根据作图法求出的物理量的精确度与测量的精确度相匹配。

②图纸每个小格对应的数值应便于读数和计算,坐标分度宜选 1、2、5 等的倍数。

③在上述条件下,充分考虑利用图纸的全部面积,使全图布局合理。

④若所作图线是直线,则选择比例尺时应使其斜率接近 1。

(2)画坐标轴。选定比例尺后,画出坐标轴,在坐标轴旁注明该坐标轴所代表的变量的名称及单位。在纵坐标左边及横坐标下边,每隔一定距离写下该处变量值,以便作图及读数。读数时,横坐标自左至右,纵坐标自下而上。注意:不宜将实验值写在坐标轴旁或实验点旁。

(3)标出实验点。在图上标出实验点,在点的周围画上圆圈、方块或其他符号,其面积大小应反映测量的精确度。若测量的精确度很高,则圆圈应小些,反之则大些。一张图纸上有数组不同的实验点时,各组实验点应用不同的符号表示,以示区别,并且须在图上注明。

(4)连曲线。标出实验点后,用曲线板或曲线尺作出尽可能接近各实验点的曲线。曲线应光滑均匀、细而清晰,曲线不必通过各点,但各点应在曲线两侧均匀分布。曲线和实验点间的距离表示测量的误差。曲线与实验点间的距离应尽可能小,并且曲线两侧各实验点与曲线间距离之和亦趋于相等。

(5)写图名。写上清晰完整的图名及坐标轴的比例尺。除图名、比例尺、曲线、坐标轴外,图上一般不含有其他文字或辅助线,以免影响主体部分的显示。图线为直线而欲求其斜率时,应在直线上取两点,平行于坐标轴画出虚线,并加以计算。

正确地选用绘图工具也是作图的关键。绘图所用的铅笔应削尖,画线时应用直尺或曲线尺。选用的直尺或曲线尺应透明,这样能全面地观察实验点的分布情况,作出合理的线条。

由于作图时也存在作图误差,所以,作图技术将影响实验结果的准确性。目前,计算机应用和绘图软件已普及,建议使用软件作图。

Excel 和 Origin 在数据处理中的应用

(三)图解法

当用图解法表示一组实验数据时,往往要求用方程式表示自变量 x 与因变量 y 之间的关系。显然,最方便的方法是用图解法得出一条直线($y=ax+b$)。因为直线不仅易于描绘,还可以从图上直接确定常数 a 和 b。直线的斜率和截距常用端值法求得。

当 x 与 y 间表现出非线性关系时,如指数关系,可通过坐标变换将函数线性化。例如,化学反应速率常数(k)与温度(T)的关系是

$$k = A\exp(-\frac{E_a}{RT})$$

显然,用 k 对 T 作图可得指数曲线。用 $\ln k$ 对 $1/T$ 作图,则可得一条直线:

$$\ln k = -\frac{E_a}{RT} + \ln A$$

根据直线的斜率与截距可分别求得 E_a 和 A。

用图解法求线性方程中的常数,方法简单,但不精确。因为图解法有一定的任意性,所以将求得的常数代入方程式计算时,得到的计算值 y_i 与各实验的实测值 y_i 值有一定的差异(其差值即残差)。当实验对数据精确度要求比较高时,常采用最小二乘法。

第3节 实验室安全与环境保护

物理化学实验不仅涉及阿贝折光仪、旋光仪、电导率仪、表面张力仪、电泳仪、恒温水浴锅、氧弹热量计、乌氏黏度计等实验仪器的使用,也涉及强酸、强碱、强氧化剂、强还原剂、挥发性有机物、难降解有机物、重金属盐类等化学试剂的使用。因此,遵守实验室守则,正确使用实验仪器和化学试剂,妥善处理或回收实验废液,对物理化学实验室安全与环境保护至关重要。

一、实验室安全管理注意事项

(一)防盗

1. 实验室内无人时应关好门窗。
2. 未经实验室工作人员同意,禁止参观。
3. 实验室内不得存放私人贵重物品。
4. 发生盗窃案件时,应保护好现场,及时向领导、治安管理部门报告。

(二)防火、防爆

1. 易燃、易爆的化学药品应按其性质分开保管,并做好储存工作。
2. 实验室常备防火设备,如灭火器、沙箱等。
3. 严禁在实验室内生火取暖。
4. 做实验时要严格按照操作规程进行,谨防发生失火、爆炸等事故。

(三)防水

实验室的上、下水道必须保持通畅,冬季应做好水管的保暖和放空工作,防止水管受冻爆裂而酿成水患。

(四)防毒

1. 实验中可能会产生毒气、毒液,因此,必须做好防毒工作。
2. 有毒物质应妥善保管和储存,实验产生的有毒残液要妥善处理。
3. 设立危险品专用仓库,易燃药品、有毒氧化剂、腐蚀剂等危险药品要用专柜单独存放。
4. 化学危险品在入库前要验收登记,入库后要定期检查,严格管理,实行"五双管理",即双人管理、双人收发、双人领料、双人记账、双人双锁。
5. 实验中严格遵守操作规程,涉及气体的操作要在通风橱内进行。
6. 实验室装有排风扇,应保持实验室内通风良好。
7. 实验桌上备废液瓶,实验室备废液桶,实验室附近备废液处理池。

(五)安全用电

1. 实验室供电线路安装布局要合理、科学且方便操作,各实验室的管理人员应在每天上下班时检查电源分闸启闭情况。

2. 学生用电源总闸由任课教师负责控制。

3. 实验室电路及用电设备要定期检修,杜绝"带病"工作。如有电器失火,应立即切断电源,并用沙子或灭火器扑灭。在未切断电源前,切忌用水或泡沫灭火器灭火。

4. 如发生触电事故,应立即切断电源。若触电者呼吸微弱、不规则甚至停止(但仍有心跳),应立即进行人工呼吸,并紧急送往医院救治。

二、实验室安全守则

1. 全体师生应遵守实验室安全守则,牢固树立安全防范意识,及时报告不安全因素。

2. 实验室的仪器设备和化学试剂由专人管理,实验台面保持干净整洁。

3. 做到安全用电,不能用潮湿的手接触电器,已损坏的插头、插座和绝缘不良的电线应及时更换,防止发生触电事故。

4. 对实验室化学试剂进行严格管理,试剂放置要合理、有序,执行领用、保存的登记审批制度。

5. 熟悉实验室急救箱、消防器材、防护用品的位置和使用方法。

6. 完成实验室安全测试且成绩合格者,方能进入实验教学环节。

7. 离开实验室前,应关闭实验室电源、气阀、水龙头和门窗,杜绝安全事故。

三、实验室学生守则

1. 实验前做好预习工作,认真完成实验预习报告。

2. 实验室内禁止饮食,严禁喧哗,实验室须保持整洁。

3. 实验室内须穿实验服,戴防护口罩和防护眼镜。

4. 实验过程中要规范操作,爱护仪器,节约水、电、药品。

5. 实验过程中要仔细观察,如实记录,发现异常现象要及时向教师汇报。

6. 实验结束后要及时清洗实验用玻璃器皿和实验台面,打扫实验室卫生。

7. 实验结束后要认真处理实验数据,按时完成实验报告并上交。

8. 离开实验室前要清洗双手,关闭水龙头、气阀、门窗,切断实验室电源。

四、实验室环保守则

1. 加强实验室安全与环保教育、培训与管理,提升安全与环保意识,规范实验操作,防止发生污染事故。

2.实验过程中产生的废纸不可随意丢弃,应集中放入实验室废纸收纳袋。

3.若实验过程中玻璃仪器破损,应及时清理台面和地面的碎片,将所有碎玻璃放入玻璃回收箱。

4.实验过程中产生的各种废液不得随意混合,以免发生事故。

5.无机液体废弃物不得直接通过下水道排放,须按照无机酸、无机碱、有毒重金属盐等进行分类,分别存放于各无机废液桶中。废液桶装满后,及时转移至学校废弃物中转库,由学校统一处理,严禁随意排放。

6.有机液体废弃物不得直接通过下水道排放,须按照碳氢化合物、芳香化合物、卤代烃等进行分类,分别存放于各有机废液桶中。废液桶装满后,及时转移至学校废弃物中转库,由学校统一处理,严禁随意排放。

7.实验过程中产生的固体废弃物应按学校相关规定分类收集,妥善包装,做好标记,及时转移至学校废弃物中转库,由学校统一处理,严禁随意丢弃。

8.有气体参与的实验都要在通风橱中进行。对于可产生有害气体的实验,须采取必要的尾气吸收处理和相关防护措施。

9.废弃的化学试剂不得随意放置、丢弃或掩埋,须以原试剂瓶包装,分类收集,由学校定期回收处理。废弃的化学试剂瓶应进行集中收集处理。

热力学实验

实验 1　纯液体饱和蒸气压的测定

一、实验目的

1. 掌握纯液体饱和蒸气压的定义和气液两相平衡的概念,深入了解纯液体饱和蒸气压与温度的关系。

2. 学会用精密数字压力计测定不同温度下无水乙醇的饱和蒸气压,初步掌握真空实验技术。

3. 学会用图解法计算液体在实验温度范围内的平均摩尔蒸发焓与正常沸点。

二、实验原理

(一)基本概念

饱和蒸气压:在一定温度下,纯液体与其蒸气达平衡状态时的蒸气压称为该温度下液体的饱和蒸气压,简称蒸气压。这里的平衡状态是指动态平衡。在某一温度下,液体处于密闭真空容器中,液体分子从表面逃逸形成蒸气,同时蒸气分子因碰撞而凝结成液相。当两者的速率相等时,就达到动态平衡。此时,气相中的蒸气密度不再改变,因而具有一定的饱和蒸气压。

摩尔蒸发焓:在一定温度下,1 mol 液体进行可逆蒸发时所吸收的热量称为该温度下液体的摩尔蒸发焓。

沸点:液体的饱和蒸气压与外界压力相等时的温度称为沸点。外界压力改变时,液体的沸点也随之改变。

正常沸点:饱和蒸气压等于 101.325 kPa 时所对应的温度称为该液体的正常沸点。

(二)饱和蒸气压的特性

纯液体的蒸气压随温度变化而变化,即温度升高时蒸气压增大,温度降低时蒸气压减小。这一特性主要与分子的动能有关。它们之间的关系可用克劳修斯-克拉珀龙(Clausius-Clapeyron)方程式来表示:

$$\frac{\mathrm{d}\ln p^*}{\mathrm{d}T} = \frac{\Delta_{\mathrm{vap}}H_{\mathrm{m}}}{RT^2} \tag{1-1}$$

式中:p^* 为纯液体在温度为 T 时的饱和蒸气压;T 为热力学温度;$\Delta_{\mathrm{vap}}H_{\mathrm{m}}$ 为液体的摩尔蒸发焓;R 为摩尔气体常数。

(三)摩尔蒸发焓的计算

如果温度变化的范围不大,$\Delta_{\mathrm{vap}}H_{\mathrm{m}}$ 可视为常数。对式(1-1)积分,得

$$\ln p^* = -\frac{\Delta_{\mathrm{vap}}H_{\mathrm{m}}}{RT} + c \tag{1-2}$$

式中 c 为积分常数,其数值与 p^* 的单位有关。由式(1-2)可知,在一定温度范围内,测定不同温度下的饱和蒸气压,以 $\ln p^*$ 对 $1/T$ 作图可得一条直线。由该直线的斜率可求得实验温度范围内液体的平均摩尔蒸发焓 $\overline{\Delta_{\mathrm{vap}}H_{\mathrm{m}}}$。从图中也可求得其正常沸点。

(四)测定液体饱和蒸气压的方法

测定液体饱和蒸气压的方法主要有动态法、饱和气流法、静态法等。

1.动态法:测定沸点随施加的外界压力变化而变化的方法。液体上方的总压力可调,由一个大容积缓冲瓶维持给定值。用汞压力计测定压力值,加热液体至沸腾时测定其温度。

2.饱和气流法:在一定的温度和压力下,使载气缓慢地通过待测物质,使载气被待测物质的蒸气所饱和。用另一种物质吸收载气中待测物质的蒸气,测定一定体积的载气中待测物质的质量,进而计算出蒸气分压,即该温度下待测物质的饱和蒸气压。此法适用于蒸气压较小的物质。

3.静态法:在某一温度下直接测定饱和蒸气压,此法一般适用于蒸气压较大的液体,如苯、甲苯、环己烷等。静态法又包括升温法和降温法两种。本实验采用静态升温法,即将待测物质放在一个密闭的体系中,在不同的温度下直接测定其饱和蒸气压。

静态升温法实验装置如图 1-1 所示。平衡管由 A 球和 U 形管(B 管、C 管)组成。平衡管上接冷凝管,并与压力计相连。A 球(试样球)内装待测液体。当 A 球的液面上完全是待测液体的蒸气,且 B 管与 C 管的液面处于同一水平时,表示 C 管液面上的蒸气压(A 球液面上的蒸气压)与 B 管液面上的外压相等。此时,体系气液两相平衡,对应的温度称为液体在此外压下的沸点。可见,利用平衡管可以获得并保持体系中为纯试样时的饱和蒸气,U 形管中的液体起液封和平衡指示作用。

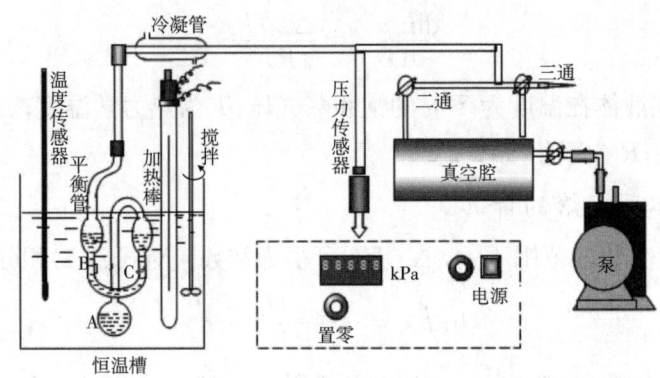

图 1-1　液体饱和蒸气压测定实验装置

三、实验仪器与试剂

（一）实验仪器

蒸气压测定装置如图 1-1 所示。

（二）实验试剂

无水乙醇（分析纯）。

实验操作演示

四、实验步骤

（一）安装仪器

按图 1-1 正确安装仪器。确定真空阀和调压阀处于关闭状态后，打开放气阀，记录大气压，然后置零。

（二）装样

取下平衡管，在试样球中加入无水乙醇（至试样球容量的 1/2～2/3 处）。在 U 形管中加入适量液体，将平衡管连接到装置中。打开冷却水开关，开机，然后打开恒温水浴搅拌开关并设置水浴温度。

（三）检漏

1. 关闭放气阀，打开真空泵和真空阀，调节调压阀并控制抽气速度，使 U 形管中有成串气泡逸出。抽至压力为 -95 kPa 左右时，慢沸 3～4 min，以保证试样球上方的空间全部被乙醇蒸气充满。

2. 关闭真空阀，使真空泵停止工作，关闭调压阀，观察压力计读数变化。若显示数字下降值在标准范围内（小于 0.01 kPa/s），则说明装置的气密性良好。否则，须逐段检查并排除漏气原因，确保装置不漏气。

（四）测定不同温度下乙醇的饱和蒸气压

1. 先将温度设定为 25 ℃，待温度稳定在设定值，打开放气阀，使压力缓慢增大，

U形管中气泡逐渐消失,两边液面高度逐渐趋近。当两边液面等高时,记下压力计读数和温度值,关闭放气阀。重复操作一次,两次压力计读数的差值应小于60 Pa。此时,可认为试样球与U形管液面之间的空间完全被乙醇蒸气充满。

2. 重新设置温度时一般比上次设置温度高5 ℃。温度上升到设定温度并保持2~3 min后,缓慢打开放气阀。当U形管两边液面等高时,记下压力计读数和温度值。无须重复操作。

3. 继续测定,直至测得7~8个准确的数据点。

4. 实验结束,关真空泵,在系统和大气相通后,关闭仪器。

五、注意事项

1. 乙醇用量不能过少,也不能过多,应确保试样球体积的1/2~2/3和U形管的大部分被填充。

2. 先开启冷却水开关,然后才能抽气。

3. 实验系统必须密闭,并仔细检漏。

4. 测定前,必须使U形管中液体慢沸2~3 min,以保证试样球上方的空间完全被乙醇蒸气充满。

5. 测定时,必须缓慢开启放气阀,控制U形管中液面下降的速度,防止空气倒灌入试样球上方空间。

6. 如果在调节过程中不慎让空气进入系统,须从装样开始重做。

六、数据记录与处理

1. 以 p^* 对 T 作图,由 p^*-T 曲线求得样品的正常沸点,并与文献值比较,计算其相对误差。(室内气压为 p,压力计读数为 Δp,液体的蒸气压 $p^* = p + \Delta p$)

2. 以 $\ln p^*$ 对 $1/T$ 作图。由直线斜率计算乙醇在实验温度区间的平均摩尔蒸发焓,并与文献值比较,计算其相对误差。

七、思考题

1. 为什么A球和C管上方管中的空气要排干净?如何防止空气倒灌?
2. 本实验方法能否用于测定溶液的饱和蒸气压?为什么?
3. 为什么实验后必须先使系统和大气相通才能关闭仪器?
4. 产生误差的原因有哪些?

八、实验探究与拓展

1. 查阅文献,了解测定液体饱和蒸气压常用的方法。通过实验研究比较各种方法的优缺点,总结适合本科生实验的最佳方法和实验方案。

2. 查阅文献,比较分析本实验的各种改进方案的优缺点。

3. 除乙醇外,还有哪些常见的液体适合开展本实验?

4. 本实验数据多,数据处理比较复杂。请根据所学知识,设计一个利用计算机处理数据的方法。

5. 本实验的实验温度测定是否需要从室温测至沸点?请查阅文献并动手实验,找到合适的实验温度范围。

实验 2 燃烧热的测定

一、实验目的

1. 掌握燃烧热的定义,了解等压燃烧热与等容燃烧热的区别。
2. 了解热量计中主要部件的作用,掌握氧弹热量计的操作方法。
3. 学会用计算机软件记录实验过程,并校正温度改变值。

二、实验原理

(一)基本概念

根据热化学的定义,1 mol 物质完全氧化时的反应热称为燃烧热。所谓完全氧化,是指参与反应的元素氧化成指定的产物。例如,碳氧化成 $CO_2(g)$,氢氧化成 $H_2O(l)$,硫氧化成 $SO_2(g)$ 等。其中,苯甲酸的完全氧化反应方程式为

$$C_6H_5COOH(s) + \frac{15}{2}O_2(g) = 7CO_2(g) + 3H_2O(l) \quad ①$$

如果上述参与反应的各种物质都处于各自的标准态,则该反应的反应热称为苯甲酸的标准摩尔燃烧焓。

燃烧热可以在等容或等压的条件下测定。由热力学第一定律可知,在不做非体积功的条件下,等容燃烧热 $Q_V = \Delta_r U$,等压燃烧热 $Q_p = \Delta_r H$。若把参与反应的气体看作理想气体,则它们之间存在以下关系:

$$Q_p = Q_V + \Delta n_g RT \quad (2\text{-}1)$$

式中:Δn_g 为产物中气体与反应物中气体的物质的量之差;R 为摩尔气体常数;T 为反应时的热力学温度。

在计算样品的等压燃烧热时,应注意其数值大小与温度有关,其关系式为:

$$\left(\frac{\partial \Delta_r H}{\partial T}\right)_p = \Delta_r C_p \quad (2\text{-}2)$$

式中 $\Delta_r C_p$ 是反应前后的等压热容之差,是温度的函数。一般来说,反应的热效应随温度的变化不是很大,因此,在较小的温度范围内可将其视为常数。

(二)氧弹热量计

量热法是热力学的一个基本实验方法。热量计的种类有很多,本实验所用氧弹热量计是一种环境恒温式热量计。

氧弹热量计测定燃烧热的基本原理是:假设环境与量热系统没有热量交换,样品完全燃烧所放出的热量全部用于量热系统的温度改变,通过测定量热系统的

水当量(量热系统温度升高1℃时所需的热量)和温度改变值,就可以计算出样品的燃烧热。这种方法得到的是样品的等容燃烧热Q_V,代入式(2-1)即可计算出样品的等压燃烧热Q_p。

根据能量守恒定律,样品完全燃烧所释放的能量使氧弹本身及其周围的介质(本实验以水作为介质)和热量计有关附件的温度升高,因此,通过测定燃烧前后介质温度的变化值,即可算出该样品的等容燃烧热Q_V。

$$-\frac{m_{样品}}{M}Q_V - lQ_l = (m_水 C_水 + C_计)\Delta T \tag{2-3}$$

式中:$m_{样品}$和M分别为样品的质量和摩尔质量;Q_V为样品的等容燃烧热;l和Q_l为点火丝的长度和单位长度燃烧热;$m_水$和$C_水$是测定介质(水)的质量和比热容;$C_计$为热量计的水当量,即除水之外,热量计每升高1℃所需的热量;ΔT为样品燃烧前后水温的变化值。

为了保证样品完全燃烧,氧弹中须充以高压氧气或其他氧化剂。因此,氧弹应有很好的密封性能,耐高压且耐腐蚀。氧弹放在与室温一致的恒温套壳中,盛水桶与套壳之间有一个高度抛光的挡板,以减少热辐射和空气对流。

(三)热量计的水当量

量热计的水当量$C_计$可用通电加热法或标准物质法进行测定。本实验采用标准物质法测定热量计的水当量:以苯甲酸作为标准物质,其等容燃烧热为$-26\ 414$ J/g。准确称量苯甲酸的质量,根据能量守恒定律,苯甲酸燃烧放出的热量全部被氧弹及周围的介质(本实验用2700 mL水)所吸收。测量这一过程中的温度变化值ΔT,代入式(2-3)即可求出热量计的水当量。

(四)雷诺温度校正法

实际上,热量计与周围环境的热交换无法完全避免,其对温差测定值的影响可用雷诺温度校正法校正。具体方法为:称取适量待测物质,估计其燃烧后可使水温上升1.5~2.0℃。根据不同时间t测得的量热系统温度T,作温度-时间曲线(图2-1)。图2-1中H点表示燃烧开始,热传入介质;D点为观察到的最高温度值;对H点和D点对应的温度T_1和T_2取平均值T,作横轴的平行线,交曲线于I点。过该点作横轴的垂线,此垂线与FH线和GD线的延长线分别交于A、C两点,A点与C点的温度差即ΔT。

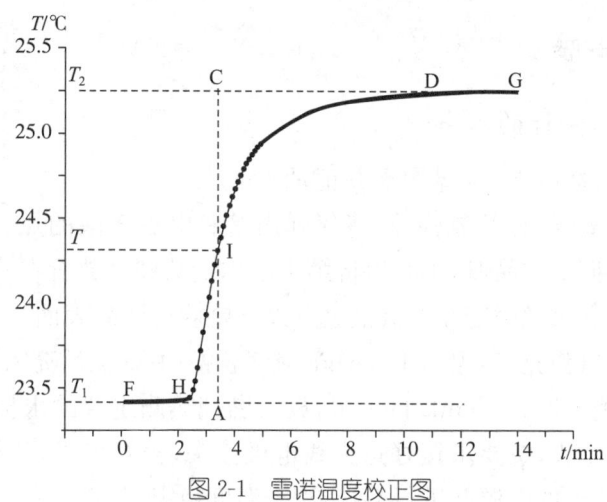

图 2-1 雷诺温度校正图

三、实验仪器与试剂

(一)实验仪器

氧弹热量计(图 2-2)、燃烧热测定仪、电子天平(万分之一)、氧气充气装置等。

图 2-2 氧弹热量计

(二)实验试剂

苯甲酸(分析纯)、蔗糖(分析纯)、氧气等。

四、实验步骤

(一)测定热量计的水当量

1. 样品称量:称取 1.0 g 苯甲酸并记录质量。

2. 装样并充氧气:拧开氧弹盖,将氧弹内壁和电极下端的点火丝擦拭干净。搁上样品皿,小心地将第 1 步称量的样品放置在样品皿中部。将点火丝固定在电极上。点火丝要接近样品表面。旋紧氧弹盖,用氧气充气装置对氧弹充气,先用 1.5 MPa 氧气置换两次,然后充入 2 MPa 氧气。

实验操作演示

3. 测定:准确量取 2700 mL 自来水,放入燃烧热测定仪的水桶内。将充过气的氧弹放入水桶中央,按要求接好点火线电极接头,盖好盖子。插好搅拌器和温度传感器,打开仪器的电源并进行搅拌,直至温度稳定。

4. 打开计算机中的"燃烧热 V 3.00"软件。点击"设置"栏,先确定温度量程,分别选择"实际温度-1 ℃"和"实际温度+3 ℃"作为温度下限和上限。待温度稳定,在软件"操作"栏中点击"开始",获取基线。

5. 图中基线稳定后,按燃烧热测定仪的"点火"按钮。点火灯亮后又熄灭,表示点火完毕。

6. 图中曲线显示温度出现稳定的最高值后,在"操作"栏中点击"停止",然后再点击"校正",进行数据处理。记录处理结果,保存图形并打印。

(二)测定蔗糖的燃烧热

称取 1.5 g 蔗糖,参照步骤(一)中方法进行测定。

五、注意事项

1. 待测样品须干燥,受潮样品不易燃烧且称量存在误差。

2. 点火丝应在样品正上方并接近样品,这样点火后样品才能充分燃烧。

3. 样品点燃是本实验最重要的一步,应确保其燃烧完全。点火后,温度急速上升,说明点火成功。若温度不变或只有微小变化,则说明点火没有成功或样品没有充分燃烧,应检查原因并排除。

4. 热量计中样品皿要放正,不能接触外壁,否则会导致实验失败。

5. 氧弹要检漏,漏气将导致实验失败。

6. 严格按照要求操作软件,否则将会丢失实验数据。

六、数据记录与处理

1. 用图解法求出苯甲酸燃烧引起的温度变化 ΔT_1,并计算热量计的水当量。

2. 用图解法求出蔗糖燃烧引起的温度变化 ΔT_2,并计算蔗糖的等容燃烧热 Q_V 和等压燃烧热 Q_p。

七、思考题

1. 在本实验的装置中,哪部分是燃烧反应体系?燃烧反应体系的温度和温度变化能否直接测定?为什么?

2. 本实验先利用等容反应测定等容燃烧热,然后再换算得到等压燃烧热。为什么不直接在等压条件下测定等压燃烧热?

3. 苯甲酸在本实验中起什么作用?

4. 等压燃烧热与等容燃烧热有什么关系?

八、分析与讨论

1. 热的测定。热是一个很难测定的物理量,热量的传递往往表现为温度的改变,而温度却很容易测定。如果已知一种仪器每升高 1 ℃所需的热量,就可在这种仪器中进行燃烧反应,只要测量温度的升高值,就可以知道燃烧放出的热量,进而求出物质的燃烧热。实验中所用的氧弹热量计就是这样一种仪器。

2. 热量计。热量计(或称量热计)是一种用于测定热能生产和热能消耗系统中热流量的仪表,由测定单元、分解氧弹、充氧站组成,主要用于热电、水泥、煤炭、新能源等领域,可用于测定煤炭、秸秆等固体的发热量,也可用于测定化学反应、物理变化过程的热量变化及材料的热容。

热量计的量热系统中,除水外,氧弹、内筒、温度计和搅拌器等也会吸热,且吸热情况不一样,不可能依靠简单的数学计算获得,只能采用已知热值的基准物(如苯甲酸)来标定量热系统温度每升高 1 ℃所吸收的热量,即热量计的热容量。

九、实验探究与拓展

1. 设计实验,测定生物质燃料(如甘蔗渣、玉米芯)、固体酒精等的燃烧热。

2. 作为衡量物质质量的重要物理量,燃烧热可以作为从能量角度评价同类物质质量的重要指标。设计实验,利用氧弹热量计测定不同产地的茶叶、煤炭等物质的燃烧热,通过对比不同产地同种物质的燃烧效率,对其进行综合评价。

3. 设计实验,测定不同物质的燃烧热,利用盖斯定律计算邻苯二甲酸合成反应的反应热。

4. 设计测定液体物质燃烧热的实验装置,通过对比不同比例乙醇、汽油混合物的燃烧热数据,分析其作为替代能源的可能性。

实验 3 中和热的测定

一、实验目的

1. 掌握用热量计直接测定中和热的实验方法与操作技能。
2. 进一步熟悉雷诺温度校正法。
3. 根据中和热的测定方法,计算乙酸的解离热。

二、实验原理

在一定温度下,稀溶液中酸和碱发生中和反应生成 1 mol 液态水时所释放的热量称为中和热。由于强酸和强碱在水中完全解离,因此,中和反应实质上是 H^+ 和 OH^- 的反应:

$$H^+ + OH^- = H_2O \qquad ①$$

因此,在固定温度和浓度足够低的条件下,1 mol 强酸和 1 mol 强碱发生中和反应放出来的热量几乎相等。例如,25 ℃时,式①的 $\Delta_r H_m^\ominus$(中和) 为 -57.36 kJ/mol。

弱酸和强碱进行的中和反应,情况则有所不同。因为在发生中和反应前,弱酸首先要解离。例如:

$$CH_3COOH = CH_3COO^- + H^+ \qquad \Delta_r H_m(解离) \qquad ②$$

$$H^+ + OH^- = H_2O \qquad \Delta_r H_m(中和,1) \qquad ③$$

$$CH_3COOH + OH^- = CH_3COO^- + H_2O \qquad \Delta_r H_m(中和,2) \qquad ④$$

根据盖斯定律,可知 $\Delta_r H_m$(中和,2) = $\Delta_r H_m$(解离) + $\Delta_r H_m$(中和,1),故

$$\Delta_r H_m(解离) = \Delta_r H_m(中和,2) - \Delta_r H_m(中和,1) \qquad (3\text{-}1)$$

本实验利用热量计分别测定乙酸和氢氧化钠发生中和反应的 $\Delta_r H_m$(中和,2) 及盐酸和氢氧化钠发生中和反应的 $\Delta_r H_m$(中和,1),代入式(3-1)即可求得乙酸的解离热 $\Delta_r H_m$(解离)。

中和热 $\Delta_r H_m$(中和,1) 及 $\Delta_r H_m$(中和,2) 可由下式计算:

$$\Delta_r H_m(中和,1) = -\frac{K\Delta T_1}{cV} \qquad (3\text{-}2)$$

$$\Delta_r H_m(中和,2) = -\frac{K\Delta T_2}{cV} \qquad (3\text{-}3)$$

式中:K 为热量计算常数;c 为酸(或碱)溶液的初始浓度(mol/L);V 为酸(或碱)溶液的体积(L);ΔT_1 为盐酸和氢氧化钠发生中和反应后温度的升高值;ΔT_2 为乙酸和氢氧化钠发生中和反应后温度的升高值;"一"表示反应放热。

K 的物理意义是热量计读数升高 1 ℃所需要的热量,是热量计中水及其他各

部分的热容之和,可利用电热法标定:对热量计施以电压U(V)、电流强度I(A),通电t(s)后,热量计温度升高ΔT(℃),代入式(3-4)即可求得K。

$$K = \frac{IUt}{\Delta T} \tag{3-4}$$

三、实验仪器与试剂

(一)实验仪器

热量计(包括杜瓦瓶、电热丝、储液管、磁力搅拌器)、精密直流稳压电源、精密数字温度温差仪、量筒(500 mL)、移液管(50 mL)等。

(二)实验试剂

氢氧化钠溶液(1.0 mol/L)、盐酸溶液(1.0 mol/L)、乙酸溶液(1.0 mol/L)、蒸馏水等。

四、实验步骤

(一)热量计常数K的测定

1. 清洗杜瓦瓶并用干布擦净,用量筒取 500 mL 蒸馏水注入其中,放入搅拌磁子;打开磁力搅拌器,适当调节转速,轻轻地塞紧杜瓦瓶的瓶塞,并放好储液管。

2. 将精密直流稳压电源的两根输出引线分别接在电热丝的两个接头上,打开电源开关,调节输出电压和电流(电压约 4.3 V,功率约 2.5 W),然后迅速将其中一根引线断开。

3. 将精密数字温度温差仪的传感器插入杜瓦瓶,打开精密数字温度温差仪,温度基本稳定后按"采零"键,然后按"锁定"键,再定时 30 s。此后,每隔 30 s,仪器便会"鸣叫"一次,同时记录一次温度。

4. 当记下第 10 个读数时,立即将稳压电源断开的引线接上(此时即开始加热),每隔 30 s 记录一次温度(根据温度变化的大小调整读数时间间隔,但必须连续计时)。通电过程中必须保持电流强度I和电压U稳定,并记录其数值。

5. 待温度升高 0.8~1.0 ℃,关闭稳压电源开关,记录通电时间t。然后继续每隔 30 s 记录一次温度,直至断电后测满 10 个读数。

6. 用雷诺温度校正法确定由通电引起的温度变化ΔT(参见实验2)。

(二)盐酸和氢氧化钠反应中和热$\Delta_r H_m$(中和,l)的测定

1. 将杜瓦瓶中的水倒掉后擦干净,重新用量筒取 400 mL 蒸馏水,注入其中,然后加入 50 mL 1.0 mol/L 盐酸溶液。再取 50 mL 1.0 mol/L 氢氧化钠溶液,注入储液管中,仔细检查是否漏水,然后将玻璃棒插入储液管中。若不漏水,则取约 55 mL(比酸稍微过量即可)1.0 mol/L 氢氧化钠溶液,注入储液管中,并将储液管放置好,塞紧杜瓦瓶的瓶塞。

2.将精密数字温度温差仪的传感器插入杜瓦瓶中,打开精密数字温度温差仪,温度基本稳定后按"采零"键,然后按"锁定"键,再定时 30 s。此后,每隔 30 s,仪器便会"鸣叫"一次,同时记录一次温度。

3.当记下第 10 个读数时,迅速拔出玻璃棒(不要用力过猛,以免玻璃棒碰到杜瓦瓶内壁而损坏仪器),将碱液加入盐酸溶液中,然后尽快把玻璃棒放置好。每隔 5 s 记录一次温度(注意连续记录整个实验过程)。60 s 后(如果此时温度基本不变)每隔 30 s 记录一次温度,直至记录 10 个读数。

4.用雷诺温度校正法确定中和反应后温度的升高值 ΔT_1。

(三)乙酸和氢氧化钠反应中和热 $\Delta_r H_m$(中和,2)的测定

将盐酸溶液换成 1.0 mol/L 乙酸溶液,重复实验步骤(二),用雷诺温度校正法确定中和反应后温度的升高值 ΔT_2。

五、注意事项

1.在测定温差 ΔT 的过程中,要保持电流强度和电压稳定。此外,若温度上升较快,则记录数据的时间间隔可以适当缩短(如 15 s 记录一次);反之,若温度上升较慢,则记录数据的时间间隔可适当延长(如 60 s 记录一次)。

2.在进行中和反应时,加入碱液后,温度上升很快,要记录温度的最高点;若温度一直上升、不下降,则应记录温度上升速度变缓慢时的温度及时间,这样才能保证作图法求得的 ΔT_1 和 ΔT_2 的准确性。

3.在 3 次测量过程中,应尽量保持测定条件(如水和酸/碱溶液的体积、搅拌速度、初始状态的水温等)一致。

4.实验所用的盐酸、乙酸和氢氧化钠溶液应准确配制,并进行标定。

六、数据记录与处理

1.利用雷诺温度校正法求由通电引起的温度变化 ΔT,代入式(3-4),计算热量计常数 K。

2.将热量计常数 K 及雷诺温度校正法求得的 ΔT_1 代入式(3-2),计算盐酸和氢氧化钠反应的中和热 $\Delta_r H_m$(中和,1)。

3.将热量计常数 K 及雷诺温度校正法求得的 ΔT_2 代入式(3-3),计算乙酸和氢氧化钠反应的中和热 $\Delta_r H_m$(中和,2)。

4.将 $\Delta_r H_m$(中和,1) 和 $\Delta_r H_m$(中和,2) 代入式(3-1),计算乙酸的解离热 $\Delta_r H_m$(解离)。

七、思考题

1. 为什么氢氧化钠溶液要一次性迅速加入盐酸溶液或乙酸溶液中,而不是缓缓加入?

2. 为什么本实验中测定中和热使用稀溶液?酸和碱的浓度过低行不行?为什么?

3. 为什么测定中和热时要加入稍过量的氢氧化钠溶液?能不能用过量的酸?为什么?

八、实验探究与拓展

设计实验,使用不同浓度的盐酸溶液、氢氧化钠溶液进行反应,测定温度变化数值,使用直线拟合方法进行分析,以减少系统误差和偶然误差对中和热测定的影响,提高测定结果的准确性。

实验 4 凝固点降低法测定蔗糖的分子量

一、实验目的

1. 掌握溶液凝固点的测定技术,加深对稀溶液依数性的理解。
2. 掌握测定凝固点降低值及计算溶质分子量的基本原理。

二、实验原理

(一)凝固点降低法测分子量的原理

化合物的分子量是一个重要的物理化学参数。用凝固点降低法测定物质的分子量是一种既简单又比较准确的方法,在溶液的理论研究和实际应用方面有重要作用。

当析出物是固态纯溶剂时,稀溶液的凝固点比纯溶剂的凝固点低,这是稀溶液依数性的一种表现。溶剂的种类和质量确定后,稀溶液凝固点的降低值只取决于溶液中所含溶质粒子的数量,与溶质的性质无关。范托夫(van't Hoff)凝固点降低公式给出了凝固点降低值与溶质浓度之间的关系:

$$\Delta T_f = T_f^* - T_f = \frac{R(T_f^*)^2 M_A}{\Delta_{vap} H_m} m_B = K_f m_B \tag{4-1}$$

式中:T_f^* 为纯溶剂的凝固点;T_f 为溶液的凝固点;R 为摩尔气体常数;M_A 为溶剂的分子量;$\Delta_{vap} H_m$ 为溶剂的摩尔蒸发焓;m_B 为溶液中溶质的质量摩尔浓度;K_f 为溶剂的质量摩尔凝固点降低常数,简称凝固点降低常数,其数值仅与溶剂的性质有关。常见溶剂的凝固点和凝固点降低常数见表 4-1。

表 4-1 常见溶剂的凝固点和凝固点降低常数

溶剂	水	乙酸	苯	环己烷	环己醇	萘	三溴甲烷
T_f^*/K	273.15	289.75	278.65	279.65	297.05	383.5	280.95
K_f/(K·kg/mol)	1.86	3.9	5.12	20	39.3	6.9	14.4

若稀溶液中溶质的质量为 W_B,溶剂的质量为 W_A,溶质的分子量为 M_B,则此溶液的质量摩尔浓度 m_B 为

$$m_B = \frac{W_B}{M_B W_A} \tag{4-2}$$

将式(4-2)代入式(4-1),可得

$$M_B = \frac{K_f W_B}{\Delta T_f W_A} \tag{4-3}$$

因此,只要将一定量的溶质和溶剂配成稀溶液,分别测定纯溶剂的凝固点 T_f^* 和

此稀溶液的凝固点 T_f，得到 ΔT_f，再查溶剂的凝固点降低常数 K_f，即可代入式(4-3)求得溶质 B 的分子量 M_B。当溶质在溶液中有解离、缔合、溶剂化或形成配合物等情况时，上式不适用，上式一般只适用于非电解质稀溶液。

（二）凝固点测定原理

纯溶剂的凝固点是指在一定压力下，其液相和固相共存时的平衡温度。若将纯溶剂缓慢冷却，理论上其步冷曲线如图 4-1 中曲线Ⅰ所示。但实际上往往会发生过冷现象，即液体的温度下降到凝固点以下，固体析出后慢慢放出凝固热，使系统的温度回到平衡温度，液体全部凝固后温度再逐渐下降，其步冷曲线如图 4-1 中曲线Ⅱ所示。此时，平行于横轴的 CD 线对应的温度即纯溶剂的凝固点 T_f^*。

溶液的凝固点是指在一定压力下，该溶液的液相与纯溶剂的固相共存时的平衡温度。溶液的凝固点很难精确测定。当溶液逐渐冷却时，其步冷曲线与纯溶剂不同，如图 4-1 中曲线Ⅲ所示。由于部分溶剂凝固析出，剩余溶液的浓度增大，因而剩余溶液与溶剂固相的平衡温度也逐渐降低，步冷曲线上不会出现水平段，只会出现转折点（图 4-1 中曲线Ⅲ），该点对应的温度即溶液的凝固点。若发生过冷现象，此时可以作过冷后线段的反向延长线，此线与过冷前线段交点的温度为溶液的凝固点（图 4-1 中曲线Ⅳ）。

在测定过程中，析出的固体越少越好，这样可以减少溶液浓度的变化，从而准确测定溶液的凝固点。若过冷，则析出的固体多，溶液浓度变化大，使凝固点的测定值偏低。因此，在测定溶液凝固点的过程中应设法控制过冷程度，如采用加速搅拌、调节制冷介质温度、加入晶种等方法。

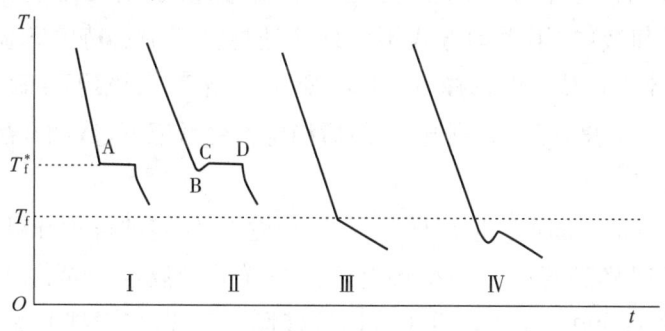

图 4-1　纯溶剂和溶液的步冷曲线

三、实验仪器与试剂

（一）实验仪器

SWC-LGe 自冷式凝固点测定仪、移液管（25 mL）、洗耳球、电子天平等。

(二)实验试剂

蔗糖(分析纯)、蒸馏水等。

四、实验步骤

实验操作演示

1. 将传感器插头插入后面板上的传感器接口(槽口对准)。
2. 将电源接入后面板上的电源插座,打开电源开关。
3. 将制冷系统冷却液出口与水流阀一端相连,将水流阀另一端与测定系统的冷却液进口相连,将测定系统出口与制冷系统冷却液进口对接。关闭水流阀,根据实验需要设定制冷系统温度。当冷却系统降至设定温度时,打开水流阀。
4. 安装样品管。准确移取 25 mL 蒸馏水,置于洗净烘干的样品管中。从冰浴中取出温度传感器,用蒸馏水冲洗干净并擦干,将其插入空气套管,然后将样品管盖塞入样品管。
5. 安装搅拌装置。将搅拌棒、传感器放入样品管,传感器应置于搅拌棒底部圆环内。将横连杆插入搅拌棒螺杆上的定位孔,再将搅拌棒挂在横连杆上,适当拧紧(紧固)螺帽,使横连杆能水平转动而不滑落。将样品管放入空气套管中,上下调节搅拌杆,使其运动自如。将搅拌杆挂钩钩在横连杆上,置搅拌开关于"慢"挡,调节样品管盖,使搅拌自如,以搅拌圈下落时能碰到样品管底部为宜。停止搅拌后,给横连杆套上 O 型圈并左推到底,防止搅拌时搅拌杆脱落,拧紧螺帽。
6. 粗测溶剂的凝固点。当制冷系统达到设定温度时,打开水流阀,稳定一段时间(约 5 min)后,将样品管从空气套管中取出(如结冰,用手心将其焐化),放入制冷系统的冷却液中,用手动方式不停地快速搅拌样品。待溶剂温度降到 0~8 ℃时,按"锁定"键,使基温选择由"自动"变为"锁定"。观察温差显示值(其值应是先下降至过冷温度,然后急剧升高,最后稳定不变),记下稳定的温差值(此即溶剂的近似凝固点)。
7. 精测溶剂的凝固点。取出样品管,手动搅拌,使溶剂自然升温并融化(不要用手焐热),此时样品管中溶剂缓慢升温。当样品管温度升至高于近似凝固点 0.3 ℃时,将样品管放入空气套管中并连接好搅拌系统,将搅拌开关置于"慢"挡,每隔 15 s 记录一次温差值 ΔT(如与电脑连接,点击"开始绘图")。当样品管温度低于近似凝固点 0.1 ℃时,调节搅拌速度为快速(注:此后无须调节搅拌速度),加快搅拌,促使固体析出。此时温度开始上升,注意观察温差显示值,直至温差稳定并持续 60 s,此即溶剂的凝固点。重复测定 3 次。
8. 测定溶液的凝固点。取出样品管,用手心焐热,使样品管内冰晶完全融化,向其中加入 1 g 蔗糖。待其完全溶解,按步骤 6 重复实验,测定该溶液的近似凝固点,再按步骤 7 重复实验 3 次,测定该溶液的凝固点。

五、注意事项

1. 温度传感器应与样品管管壁平行,置于样品管中央,插入深度为样品管底部。
2. 冷却液温度应以低于溶液凝固点 3 ℃为宜。考虑到冷却液循环中的热效应,一般设置制冷系统温度为低于凝固点 6 ℃左右。
3. 溶剂、溶质的纯度直接影响实验结果。
4. 实验过程中须控制过冷程度和搅拌速度。

六、数据记录与处理

1. 根据溶剂的密度计算所取蒸馏水的质量 W_A。
2. 将实验数据填入表 4-2。

表 4-2 凝固点降低法实验数据

物质	质量/g	凝固点/℃		凝固点降低值/℃
		测定值	平均值	
蒸馏水				
蔗糖水溶液				

3. 将所得数据代入式(4-3),计算蔗糖的分子量,并计算相对误差。

七、思考题

1. 根据什么原则确定加入溶质的量?溶质的量过多或过少对结果有何影响?
2. 测凝固点时,纯溶剂温度回升后有一个恒定阶段,而溶液没有,为什么?
3. 溶质在溶液中发生解离、缔合或络合,对其分子量的测定值有何影响?
4. 凝固点降低法测定分子量实验为什么要使用空气套管?过冷有何影响?

八、分析与讨论

1. 本实验成功的关键是控制过冷程度和搅拌速度。理论上,在恒压条件下,纯溶剂只要两相平衡共存,就可达到平衡温度。但实际上,只有固相充分分散到液相中,即固液两相的接触面足够大时,才能达到平衡。将样品管置于空气套管中,温度降低至凝固点后,固相逐渐析出。若凝固热释放速度小于冰浴吸热速度,则系统温度将继续降低,即产生过冷现象。此时,应采取突然搅拌的方法,控制过冷程度，使骤然析出的大量微小结晶与液相充分接触，从而测得固液两相共存的平衡温度。为判断过冷程度，可以先测定近似凝固点。对于两组分的溶液系统，凝固的溶剂量将直接影响溶液的浓度，因此，控制过冷程度和搅拌速度非常重要。

2. 溶液的步冷曲线与纯溶剂的步冷曲线不同，不会出现温度不变的水平段，只出现转折点。这是因为，部分溶剂凝固后，剩余溶液的浓度逐渐增大，平衡温度逐渐下降。所以，当析出固相时，温度不能保持为一定值。在测定一定浓度溶液的凝固点时，析出固体越少，测得的凝固点越准确。

3. 用凝固点降低法测分子量的理论基础是稀溶液的依数性，即溶液凝固点取决于溶质的粒子数目（注意：此处为粒子的数目，不是分子的数目）。如果溶质发生缔合或解离，就会导致粒子数不等于分子数，使分子量测定结果产生偏差。解离使粒子数增多，测得的分子量比实际的小。缔合和络合使粒子数减少，测得的分子量比实际的大。

4. 使用空气套管是为了防止过冷。若过冷程度太低，则凝固热抵偿不了系统散热，温度不能回升到凝固点。此时，样品可能在低于凝固点的温度下完全凝固，从而无法得到准确的凝固点。

九、实验探究与拓展

1. 探讨本实验中可改进的因素，如保温效果、温度监测精度、寒剂的种类、可加入晶种的种类等。

2. 设计实验"沸点升高法测定蔗糖分子量"，可参考有机化学实验中微量法测定沸点的基本原理。

3. 使用本实验装置设计实验，测定二元稀溶液的活度系数。

4. 设计实验"凝固点降低法测定胶束/微乳液的聚集数及活度系数"。

实验 5 二组分固-液相图的绘制

一、实验目的

1. 了解简单二组分固-液相图的基本特点。
2. 掌握热分析法绘制二元金属相图的基本原理。
3. 了解纯物质与混合物步冷曲线的区别,掌握相变点温度的确定方法。
4. 掌握实验炉及微电脑温度控制器的使用方法。

二、实验原理

(一)二组分固-液相图

用于表示多相体系的状态随温度、压力及组成的变化而变化的图形称为相图。描述多相平衡体系中相数、独立组分数与该平衡体系的独立变量数(自由度)之间关系的规律称为相律。相律的常见形式为

$$f = C - \varphi + 2 \tag{5-1}$$

式中:f 为描述平衡体系状态变化的独立变量的数量,也称自由度;C 为独立组分数;φ 为相数;"2"为影响平衡体系状态变化的外界独立变量的数量。外界独立变量通常为温度和压力。如果固定温度和压力这两个变量中的一个,这时的体系自由度就称为条件自由度,用 f^* 表示。此时,相律的形式为

$$f^* = C - \varphi + 1 \tag{5-2}$$

对于二组分体系,独立组分数 $C=2$,则根据式(5-1),有 $f = 4 - \varphi$。由于研究的体系中至少有一个相,因此,自由度 $f \leqslant 3$,即体系的状态最多可由 3 个独立变量决定。这 3 个变量通常是温度、压力和组成。二组分体系的状态图(相图)要用三维立体图来表示。但对于二组分体系,常将其中一个变量固定,这样就可用二维平面图来表示。这种平面图有 3 种,即压力-组成图(p-x 图)、温度-组成图(T-x 图)和温度-压力图(T-p 图)。在平面图上,最大自由度是 2,同时共存的相数最多为 3。在二组分体系的相图中,常用的是 p-x 图和 T-x 图。

对于二组分固-液体系,由于固、液两相的摩尔体积相差不大,因此,固-液相图受外界压力的影响较小,常固定压力值,以体系的组成为自变量,以温度为因变量,绘制 T-x 图作为二组分固-液体系的相图。二组分固-液相图多应用于冶金、化工等领域。

图 5-1(a)以邻硝基氯苯(A)、对硝基氯苯(B)为例展示低共熔点相图的构成情况:高温区为均匀的液相,下面是三个两相共存区。两个互不相溶的固相 A、B

和液相 L 三相平衡共存现象则是固-液相图所特有的。由式(5-2)可知,压力已确定的情况下,在这三相共存的水平线上,条件自由度 $f^* = 0$。处于这个平衡状态下的温度 T_E、物质组成 x_E 不可改变。图中 E 点即 T_E 和 x_E 构成的点(正点)称为低共熔点。组成为 x_E 的体系称为低共熔混合物。

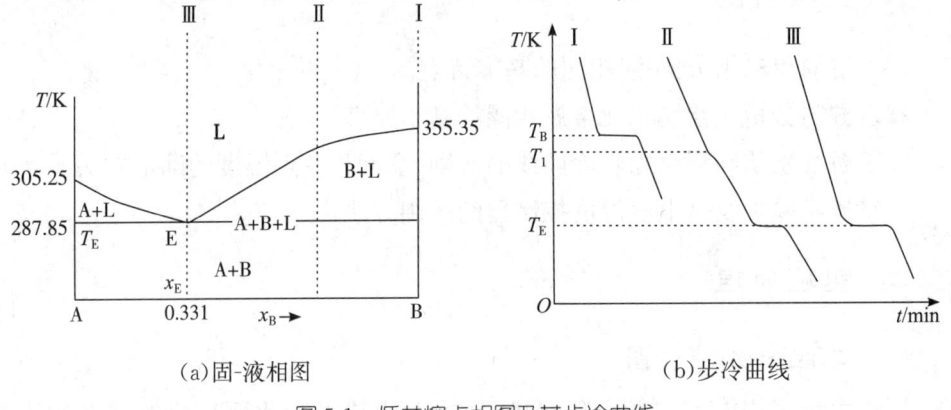

(a)固-液相图　　　　(b)步冷曲线

图 5-1　低共熔点相图及其步冷曲线

(二)热分析法和步冷曲线

热分析法也称步冷曲线法,是相图绘制工作中常用的一种实验方法。先将两个固体组分按一定比例配制成样品,再加热熔融成一个均匀的液相体系,然后使其慢慢冷却。以体系温度对时间作图,得到步冷曲线。曲线的转折点指示某一温度下发生的相变。以体系的组成和相变温度为坐标,可以根据多组实验数据绘制 T-x 图。

图 5-1(b)中三条曲线分别为图 5-1(a)中三个不同组成体系对应的步冷曲线。

曲线 I 为纯 B 液体的步冷曲线。将纯 B 液体冷却至温度为 T_B 时,体系温度将保持不变,直到样品完全凝固,曲线上出现一个水平段后再继续下降。在一定压力下,单组分的两相平衡体系自由度为 0,所以,T_B 是定值。

曲线 III 是低共熔混合物的步冷曲线。该液体冷却时,情况与纯 B 体系相似。与曲线 I 相比,其组分数由 1 变为 2,析出的固相数也由 1 变为 2,所以,T_E 也是定值。

曲线 II 反映介于上述两种组成之间的情况。将该组成的液相冷却至温度为 T_1 时,开始有 B 固体析出,因为此时液相对 B 已经饱和。由于此时体系为两组分体系,在温度为 T_1 时,体系呈固-液平衡。根据式(5-2),体系的条件自由度 $f^* = C - \varphi + 1 = 2 - 2 + 1 = 1$,即温度这一因素可继续改变(下降)。但析出固体 B 时所释放的凝固热抵消了环境从体系所吸收的一部分热,使环境实际从体系中吸收的热减少了,因此,步冷曲线的斜率相应地变小,在 T_1 处出现一个转折点。再继续降温至低共熔点 T_E 时,A 也同时析出,体系将呈固体 A、固体 B 及液相 L 三相平衡状态。根据相律,此时体系的条件自由度 $f^* = C - \varphi + 1 = 2 - 3 + 1 = 0$,故体系的温度不再改变,步冷曲线上将出现一个水平段。液相完全消失后,温度将继续下降,此阶段为两固相 A、B 的降温过程。

从上面的分析可以看出,步冷曲线的转折点和水平段的出现指示该温度下发生的相变。因此,可以通过测定步冷曲线转折点和水平段所对应的温度,确定发生相变的温度。

三、实验仪器与试剂

(一)实验仪器

SWKY-Ⅱ 数字测控温巡检仪、KWL-10 可控升降温电炉、样品管、Pt100 温度传感器、电脑等。

(二)实验试剂

锡(分析纯)、铋(分析纯)、石墨等。

实验操作演示

四、实验步骤

(一)安装样品管

称量锡和铋,按一定比例混合,配成锡含量为 0、20%、40%、60%、80%、100% 的样品各 100 g,分别将其装入 1~6 号不锈钢样品管中。加入少许石墨粉覆盖样品,并密封样品管,以防止加热过程中样品因接触空气而氧化(样品管由实验教师事先准备,加热到各样品熔点以上温度并保温 4 h,以保证样品管内各组分混合均匀)。将编号为 1~6 的 6 根 Pt100 温度传感器分别插入 6 支样品管中。

(二)测定步冷曲线

1. 打开 SWKY-Ⅱ 数字测控温巡检仪电源开关,按"工作/置数"键,在置数指示灯亮的情况下,依次按"×100、×10、×1、×0.1"设置温度。

$$设置温度 = 样品理论熔点 + 40\ ℃ - 120\ ℃$$

设置完毕,再按一次"工作/置数"键,切换到工作状态。此时,电炉将对样品进行加热。

2. 到达设定温度后,按"工作/置数"键,切换到置数状态(置数状态下,仪器不对样品进行加热)。再等待数分钟,使样品管温度达到样品理论熔点以上 40 ℃ 左右,可确保样品完全融化。样品管的温度可在 SWKY-Ⅱ 数字测控温巡检仪的"温度显示Ⅱ"中读出。

3. 温度上升到最高点后,调节"冷风量调节"旋钮,控制降温速率为 5~8 ℃/min。

4. 双击金属相图测试软件,输入学号和姓名后,进入测试页面,点击"开始实验",在弹出的窗口中输入样品名称和含量,点击"确定"按钮,开始采集实验数据。注意:在数据采集过程中,不能调节"冷风量调节"旋钮。

5. 待步冷曲线水平段结束,点击"停止实验",结束数据采集,保存数据。

6. 将"冷风量调节"旋钮顺时针旋到底,进行降温。待温度显示 I、温度显示 II 的读数都接近室温时,将"冷风量调节"旋钮逆时针旋到底,至表头显示为零,关闭电源。

五、注意事项

1. 实验炉加热时有一定的热惯性。若发现炉体温度超过 420 ℃ 且还在上升,应立即按"工作/置数"键,使仪器切换到置数状态,并开启冷却风扇。当温度降至接近理论熔点时,调整降温速率,测定步冷曲线。

2. 冷却时,速度不宜过快,以防转折点不明显。

3. 由于过冷现象的存在,降温过程中步冷曲线上可能有上升段,这是正常现象。

4. 实验炉炉体温度较高,实验过程中不要接触炉体,以防烫伤。开启加热后,实验人员不要离开,以防发生事故。

六、数据记录与处理

1. 绘制步冷曲线。以温度为纵坐标、时间为横坐标,用软件绘出各样品的步冷曲线。将所测转折点温度和水平段温度填入表 5-1。

表 5-1　锡-铋二元金属体系的相转变温度

样品	质量分数/%		转折点温度/℃	水平段温度/℃
	Bi	Sn		
1	100	0	—	
2	80	20		
3	60	40		
4	40	60		
5	20	80		
6	0	100	—	

2. 绘制锡-铋二元金属相图。根据各样品步冷曲线上转折点和水平段的温度,在 T-x 图上标出相变点,连接相变点,绘出锡-铋二元金属的 T-x 图,并给出最低共熔点及其对应的组成。

七、思考题

1. 步冷曲线各段的斜率以及水平段的长短与哪些因素有关？
2. 根据实验结果，讨论各步冷曲线的降温速率控制是否得当。
3. 用差热分析法或差示扫描量热法测绘相图是否可行？
4. 试根据实验方法比较测绘气-液相图和固-液相图的异同点。
5. 有一份标签脱落的 Sn-Bi 合金样品，用什么方法可以确定其组成？

八、分析与讨论

1. 步冷曲线各段的斜率与样品熔点和环境温度的差值、实验炉的保温性能（降温速率）、物质凝固热、仪器本身的精密度有关。水平段的长短与凝固热（对于纯物质）、析出量（对于混合物）、降温速率有关。若纯物质的凝固热大、降温速率慢，则水平段长；反之则短。固体混合物组成物质相同而组成比例不同时，水平段长短不同，因为析出物质的量不同。

2. 对于含量大致相等的二组分混合物，步冷曲线上的第一个转折点不易确定，而其低共熔点却可以准确测定。相反，对于其中一个组分含量很少的二组分混合物，第一个转折点可以准确测定，而第二个转折点则较难测定。这是因为，固体析出时会放出凝固热，使步冷曲线发生转折。转折是否明显取决于放出的凝固热与散失热量的相对大小。当放出的凝固热能抵消散失热量的大部分时，转折明显，容易观察。对于含量大致相等的二组分混合物，当一种组分析出时，其凝固热难以抵消另一种组分及其自身的散失热量，所以，第一个转折点很难测定。但由于其两组分含量相当，当两种晶体同时析出时，受前一种析出的晶体放出的凝固热的影响较小，因此，低共熔点可准确测定。对于其中一个组分含量很少的二组分混合物，第一个转折点可以准确测定，而第二个转折点则难以测定。

3. 用热分析法测绘相图时，被测体系必须时时处于或接近相平衡状态，因此，必须保证降温速率足够慢，才能得到较好的效果。在冷却过程中，一个新的固相形成前常常出现过冷现象。这是因为，少量固体开始析出时所释放的热量远不足以抵消外界冷却所吸收的热量，体系温度进一步下降至相变温度以下，促使众多微小晶粒同时形成，温度回升。这一过程在步冷曲线上表现为转折处出现凹陷的小弯。

轻微过冷有利于测定相变温度，但严重过冷现象会使转折点发生起伏，使确定相变温度变得困难。遇到这种情况，可以通过作延长线的方式确定步冷曲线的转折点温度。如图 5-2 所示，延长 dc 线，使其与 ab 线相交，交点 e 对应的温度即转折点温度。

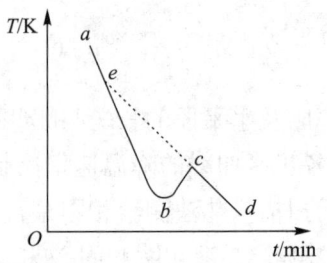

图 5-2 严重过冷时步冷曲线上转折点温度的确定

4. 对于组成未知的 Sn-Bi 合金,可以通过热分析法来确定其组成。首先通过热分析法绘制 Sn-Bi 的二组分相图,然后绘制该合金样品的步冷曲线,通过与 Sn-Bi 的二组分相图对照,得出该合金的组成。

5. 除热分析法外,还可用差热分析法(萘-苯甲酸体系)、溶解度法(水-盐体系)等方法绘制二组分相图。相图中各区析出物质组成的确定,特别是固熔体的组成以及固熔区组成曲线的确定,需要借助化学分析、金相分析、X 射线衍射分析等方法。

九、实验探究与拓展

1. 探讨使用差热扫描量热仪测定二组分固-液相图的可行性,比较本实验方法与差示扫描量热法的优劣。

2. 怎样才能得到 Sn-Bi 体系的完整固-液相图?应该增加哪些组成的样品?

实验 6 双液系气-液平衡相图的绘制

一、实验目的

1. 绘制常压下乙酸乙酯-乙醇双液系的气-液平衡相图，了解相图和相律的基本概念。
2. 掌握测定双液系沸点及正常沸点的方法。
3. 熟悉阿贝折光仪的使用方法，掌握根据折光率确定双液系组成的方法。
4. 通过双液系的 T-x 图了解分馏原理。

二、实验原理

（一）气-液相图

两种液态物质混合而成的二组分体系称为双液系。若两个组分能按任意比例混溶，则称其为完全互溶双液系。液体的沸点是指液体的蒸气压与外界压力相等时的温度。在一定外压下，纯液体的沸点有确定值。但双液系的沸点不仅与外压有关，还与两种液体的相对含量有关。在一定压力下，表示双液系气液两相平衡时温度与组成关系的图称为温度-组成图（T-x 图）。

图 6-1 是标准压力下苯-甲苯体系的 T-x 图，过温度 T 作水平线可得到此温度下的液相组成 x 和气相组成 y。

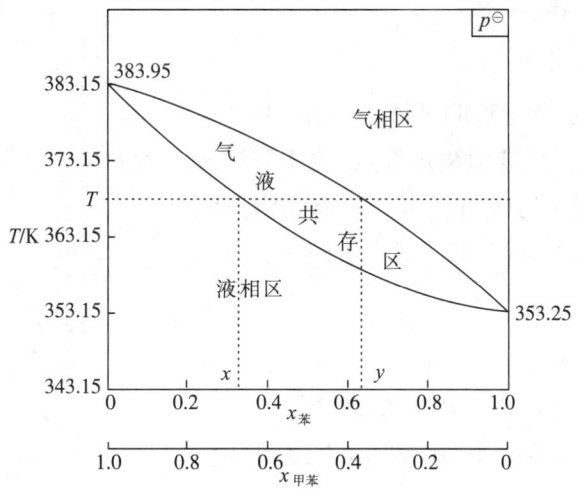

图 6-1 苯-甲苯体系的温度-组成图

苯与甲苯组成的双液系基本上接近理想溶液，各组分在整个浓度范围内都符合拉乌尔定律。然而，对于绝大多数实际体系，应用拉乌尔定律时会产生一定偏差。当偏差不大时,温度-组成图与图 6-1 相似,溶液的沸点仍介于两种纯物质的沸点之间。但是,对于有些体系,应用拉乌尔定律产生的偏差很大,以至其相图中出现极值,如图 6-2 所示。正偏差很大的体系在 $T\text{-}x$ 图上出现极小值,负偏差很大的体系则出现极大值。这样的极值称为恒沸点,对应的恒沸物中气液两相组成相同。例如,盐酸-水体系的最高恒沸点在标准压力时为 108.5 ℃,对应的恒沸物中盐酸含量为 20.242%(质量分数)。

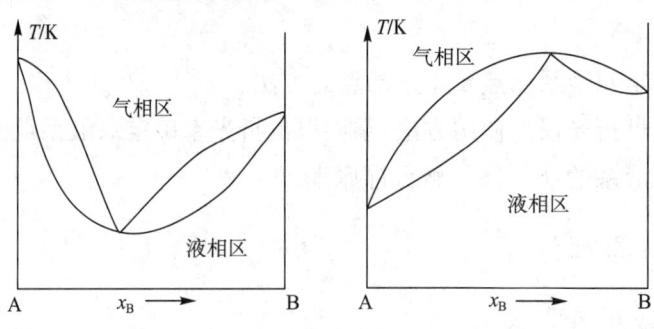

图 6-2 具有恒沸点的完全互溶双液系的温度-组成图

在回流装置中加热溶液,当溶液组成、总量不变,气相的量与液相的量之比也不变时(达气-液平衡),体系的温度将保持稳定。分别取气、液两相的样品,分析其组成,得到该温度下气液两相平衡时各相的组成。改变溶液组成,得到另一温度下气液两相平衡时各相的组成。测定一系列不同配比溶液的气液平衡温度(沸点)及气液相组成,用线连接各气相点得到气相线,用线连接各液相点得到液相线,便可绘制出双液系的 $T\text{-}x$ 图。注意:压力不同时,双液系相图略有差异。

(二)沸点测定仪

虽然各种沸点测定仪的具体构造各有特点,但其设计思路均围绕准确测定沸点、便于取样分析、防止过热及避免分馏等。本实验所用沸点测定仪如图 6-3 所示。图中半球形小室用于收集冷凝的气相样品。

(三)组成分析

折光率是物质的一个特征参数,用 n 表示,它与物质的本性及温度有关,因此,在测定物质的折光率时要求固定温度。大多数液态有机化合物的折光率的温度系数为 -0.0004 ℃$^{-1}$。温

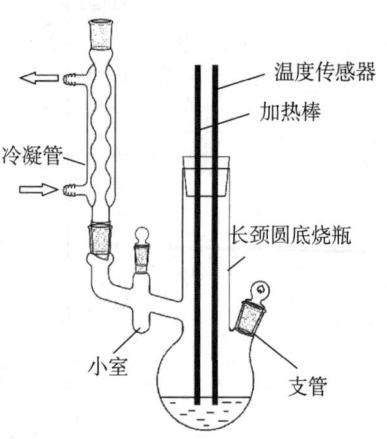

图 6-3 沸点测定仪

度精确到±0.2 ℃时,阿贝折光仪一般能提供精确到小数点后四位的测量结果。溶液的组成不同,折光率也不同。可先配制一系列组成已知的溶液,绘出折光率-

组成(n-x)的等温线,即折光率-组成工作曲线。对于组成未知的样品,测出该温度下的折光率,便可从工作曲线上查出其组成。

本实验选用乙酸乙酯-乙醇体系,两者的折光率相差颇大,可根据折光率-组成工作曲线确定平衡体系的两相组成。

三、实验仪器与试剂

(一)实验仪器

沸点测定仪、精密稳流电源、阿贝折光仪、滴管等。

(二)实验试剂

无水乙醇(分析纯)、乙酸乙酯(分析纯)、蒸馏水等。

四、实验步骤

(一)配制样品

配制一系列乙酸乙酯-乙醇溶液,其中乙酸乙酯体积分数分别为0.05、0.20、0.30、0.40、0.60、0.70、0.85和0.95。

实验操作演示

(二)绘制工作曲线

用蒸馏水校正阿贝折光仪后,测定乙酸乙酯和无水乙醇的折光率,绘制折光率-组成工作曲线。

(三)安装沸点测定仪

将沸点测定仪洗净、烘干,按图 6-3 安装。检查带有温度传感器的橡皮塞是否塞紧。温度传感器和加热棒的下端应处于支管下。

(四)测定样品沸点

通过支管加入样品,使液面不超过支管口。打开冷却水,接通电源。由零开始逐渐增大电压,使液体缓慢升温。液体沸腾后,调节电压和冷却水流量,使蒸气在冷凝管中回流的高度保持在 2 cm 左右。待温度传感器读数稳定,再维持3~5 min,使体系达到平衡。在此过程中,不时将小球中凝聚的液体倾入烧瓶。温度传感器读数稳定后(2 min 内波动不超过0.2 ℃),可以认为该温度为沸点。记下温度传感器的读数和大气压力。

(五)测定平衡气、液相组成

将干燥滴管伸入小室,吸取其中全部冷凝液(体系平衡时气相样品)。用另一支干燥滴管自支管吸取圆底烧瓶内的溶液约 1 mL(体系平衡时液相样品)。将气、液相样品冷却

阿贝折光仪的基本原理与使用方法

至室温,测其折光率。气、液相样品各测3次后,关闭电源,回收溶剂。

（六）乙酸乙酯-乙醇系列溶液的测定

按上述步骤(三)(四)逐一测定系列溶液的沸点及两相样品的折光率。

五、注意事项

1. 一定要使体系达到气-液平衡,即温度稳定后再取样。

2. 注意保护阿贝折光仪的棱镜,不能用硬物(如滴管)接触棱镜。擦拭棱镜时须用擦镜纸。

3. 温度的准确控制和折光率的测定是做好本实验的关键。折光率的测定要求快速、准确,确保取样、测定过程中体系组成不发生改变。

4. 沸点测定仪冷凝管的上端口不能加塞子,因为要保证饱和蒸气压和大气压相等。如果加塞子,会导致沸点测定仪因内部压力过大而炸裂,或者溶液汽化后将塞子冲开,使其摔碎。烧瓶上端口和取样支管口要塞紧塞子,防止漏气。

5. 加热速度不要太快,以免出现危险。沸点测定仪冷凝管中的冷却水要充足,不能让蒸气溢出。

6. 每次取样量不宜过多,取样管一定要干燥,不能留有上次的残液。气相部分的样品要取尽。

7. 根据所测原始数据绘制温度-组成图,与文献值比较,判断是否需要重新测定某些数据。可以改变双液系的组成,多测几组样品。

六、数据记录与处理

1. 绘制工作曲线。对比蒸馏水折光率的测定值与标准值,计算出其差值Δn,作为折光仪的校准系数。计算乙酸乙酯和无水乙醇的折光率校正值,填入表6-1,绘制折光率-组成工作曲线。

表6-1 蒸馏水、乙酸乙酯和无水乙醇的折光率

室温=_____℃　　大气压=_____Pa

样品	n_1	n_2	n_3	$\bar{n}$（平均值）	n（理论值）	Δn	n（校正值）
蒸馏水							—
乙酸乙酯					—	—	
无水乙醇					—	—	

2. 根据样品的折光率校正值,从对应的折光率-组成工作曲线上查出每种样品在其沸点时气、液相的组成,填入表6-2。

表 6-2 样品的沸点及其对应气、液相折光率和组成

乙酸乙酯体积分数	沸点/℃	液相						气相				
		n_1	n_2	n_3	$\bar{n}$	n(校正值)	x(乙酸乙酯)	n_1	n_2	n_3	$\bar{n}$	n(校正值)	y(乙酸乙酯)
0.05													
0.20													
0.30													
0.40													
0.60													
0.70													
0.85													
0.95													

3. 根据表 6-2 中数据绘制乙酸乙酯-乙醇体系的温度-组成图,根据相图确定最低恒沸点和恒沸物组成。

七、思考题

1. 为什么工业上常生产 95% 乙醇？只用精馏方法处理含水乙醇能否获得无水乙醇？

2. 讨论本实验的主要误差来源。

3. 本实验中,测定工作曲线时,阿贝折光仪的恒温温度与测定样品时阿贝折光仪的恒温温度是否需要保持一致？为什么？

4. 测定一定沸点下的气、液相折光率前,为什么要将待测样品冷却至室温？

5. 沸点测定仪中残留的溶液对下一个试样的测定有没有影响？

八、分析与讨论

1. 沸点校正。

(1) 正常沸点。在标准压力下测得的沸点称为正常沸点。通常外界压力并不恰好等于 100 kPa,因此,需要对实验测得值进行校正。可根据特鲁顿(Trouton)规则及克劳修斯-克拉贝龙(Clausius-Clapeyron)方程式推导出校正式:

$$\Delta t_{\text{压}} = \frac{(273.15+t)}{10} \times \frac{(10^5-p)}{10^5} \tag{6-1}$$

式中:$\Delta t_{\text{压}}$ 是沸点的压力校正值;t 是在压力为 p 的条件下测得的沸点。

(2) 露茎校正。若用温度计测体系的沸点,由于其所处的环境温度不同,需要对温度计读数进行露茎校正。所谓露茎,是指温度计未浸入被测体系的部分。

$$\Delta t_{露茎} = kl(t_{观} - t_{环}) \tag{6-2}$$

式中：$\Delta t_{露茎}$是沸点的露茎校正值；$k=0.000157\ \text{cm}^{-1}$，是水银对玻璃棒的相对膨胀系数；$t_{观}$是温度计的读数；$t_{环}$是附在温度计上的辅助温度计的读数；$l$是温度计的水银柱露在空气中的长度(cm)。

校正后的正常沸点应为

$$t_{校} = t + \Delta t_{压} + \Delta t_{露茎} \tag{6-3}$$

2. 理论上，体系处于平衡时气液两相温度是相等的，实际却有出入。由于仪器底部更靠近热源，且装置中其他部分与环境存在热交换，因此体系中各部位有一定程度的温度差异，上部的气相尤其明显。实验过程中，可将传感器底部放在喷嘴处，使液体持续喷到传感器上，减小气液两相的温度差异。

3. 在测定沸点时，若溶液过热或出现分馏现象，将使相图中的液相线上移，相区变窄，可通过加入沸石的方法消除过热现象。

九、实验探究与拓展

本实验中，气、液相组成测定时存在一定误差，请改进实验装置以减小误差（可参考化工原理实验）。

实验 7　偏摩尔体积的测定

一、实验目的

1. 配制不同浓度的 NaCl 水溶液，测定各溶液的密度。
2. 计算溶液中各组分的偏摩尔体积。
3. 学习用密度瓶测定液体的密度。

二、实验原理

设有一由 A 和 B 构成的二组分系统，系统的体积 V 为广度性质，是温度、压力、物质的量的函数：

$$V = f(T, p, n_A, n_B) \tag{7-1}$$

根据偏摩尔量的定义，偏摩尔体积为

$$V_A = \left(\frac{\partial V}{\partial n_A}\right)_{T, p, n_B} \tag{7-2}$$

$$V_B = \left(\frac{\partial V}{\partial n_B}\right)_{T, p, n_A} \tag{7-3}$$

在恒定的温度和压力下，

$$dV = \left(\frac{\partial V}{\partial n_A}\right)_{T, p, n_B} dn_A + \left(\frac{\partial V}{\partial n_B}\right)_{T, p, n_A} dn_B = V_A dn_A + V_B dn_B \tag{7-4}$$

偏摩尔量是强度性质，与系统的浓度有关，与系统的总量无关。系统的总体积可由式(7-4)积分得到：

$$V = V_A n_A + V_B n_B \tag{7-5}$$

在恒温恒压条件下对式(7-5)微分，得

$$dV = n_A dV_A + V_A dn_A + n_B dV_B + V_B dn_B \tag{7-6}$$

与式(7-4)联立，可得吉布斯-杜安方程：

$$n_A dV_A + n_B dV_B = 0 \tag{7-7}$$

在 B 为溶质、A 为溶剂的溶液中，设 V_A^* 为纯溶剂的摩尔体积，定义 $V_{\Phi, B}$ 为溶质的表观摩尔体积，则

$$V_{\Phi, B} = \frac{V - n_A V_A^*}{n_B} \tag{7-8}$$

$$V = n_A V_A^* + n_B V_{\Phi, B} \tag{7-9}$$

在 T, p 及 n_A 恒定的条件下，将式(7-9)对 n_B 偏微分，可得

$$V_B = \left(\frac{\partial V}{\partial n_B}\right)_{T, p, n_A} = V_{\Phi, B} + n_B \left(\frac{\partial V_{\Phi, B}}{\partial n_B}\right)_{T, p, n_A} \tag{7-10}$$

联立式(7-5)和式(7-9),得

$$V_A = \frac{1}{n_A}(n_A V_A^* + n_B V_{\Phi,B} - n_B V_B) \tag{7-11}$$

将式(7-10)代入式(7-11),可得

$$V_A = V_A^* - \frac{n_B^2}{n_A}\left(\frac{\partial V_{\Phi,B}}{\partial n_B}\right)_{T,p,n_A} \tag{7-12}$$

设 b_B 为 B 的质量摩尔浓度,ρ 和 ρ_A^* 为溶液及溶剂 A 的密度,M_A 和 M_B 为溶剂 A 及溶质 B 的摩尔质量,可得

$$V_{\Phi,B} = \frac{1}{b_B}\left(\frac{1+b_B M_B}{\rho} - \frac{1}{\rho_A^*}\right) = \frac{\rho_A^* - \rho}{b_B \rho \rho_A^*} + \frac{M_B}{\rho} \tag{7-13}$$

本实验测定 NaCl 水溶液中 NaCl 和水的偏摩尔体积。根据德拜-休克尔理论,NaCl 水溶液中 NaCl 的表观偏摩尔体积 $V_{\Phi,B}$ 与 $\sqrt{b_B}$ 呈线性关系,因此

$$\left(\frac{\partial V_{\Phi,B}}{\partial n_B}\right)_{T,p,n_A} = \frac{1}{n_A M_A}\left(\frac{\partial V_{\Phi,B}}{\partial b_B}\right)_{T,p,n_A} = \frac{1}{n_A M_A}\left(\frac{\partial V_{\Phi,B}}{\partial \sqrt{b_B}} \cdot \frac{\partial \sqrt{b_B}}{\partial b_B}\right)_{T,p,n_A}$$

$$= \frac{1}{2\sqrt{b_B} n_A M_A}\left(\frac{\partial V_{\Phi,B}}{\partial \sqrt{b_B}}\right)_{T,p,n_A} \tag{7-14}$$

将式(7-14)代入式(7-12)和式(7-10),可得

$$V_A = V_A^* - \frac{M_A b_B^{3/2}}{2}\left(\frac{\partial V_{\Phi,B}}{\partial \sqrt{b_B}}\right)_{T,p,n_A} \tag{7-15}$$

$$V_B = V_{\Phi,B} + \frac{\sqrt{b_B}}{2}\left(\frac{\partial V_{\Phi,B}}{\partial \sqrt{b_B}}\right)_{T,p,n_A} \tag{7-16}$$

配制不同浓度的 NaCl 水溶液,测定纯溶剂和溶液的密度,求不同 b_B 条件下的 $V_{\Phi,B}$,作 $V_{\Phi,B}$-$\sqrt{b_B}$ 图,可得一条直线,其斜率为 $\left(\frac{\partial V_{\Phi,B}}{\partial \sqrt{b_B}}\right)_{T,p,n_A}$,代入式(7-15)和式(7-16)即可求出 NaCl 和水的偏摩尔体积。

三、实验仪器与试剂

(一)实验仪器

电子天平、恒温槽、烘干器、密度瓶、容量瓶(500 mL)、烧杯(50 mL、250 mL)、洗耳球、量筒(50 mL)等。

(二)实验试剂

无水乙醇、NaCl、去离子水等。

四、实验步骤

1. 调节恒温槽水温至设定温度(如 25 ℃),恒温槽水温至少应比室温高 5 ℃。

实验操作演示

2. 向6个烧杯中分别加入0 g、5.0 g、15.0 g、25.0 g、35.0 g、45.0 g NaCl,用去离子水溶解后,分别转移至6个500 mL的容量瓶中,用去离子水定容至刻度。测定密度后,换算出相应的质量摩尔浓度。

3. 用密度瓶测量溶液密度。

(1)清洁、干燥密度瓶:先用自来水洗涤密度瓶,再用去离子水洗涤,然后用无水乙醇涮洗,用洗耳球吹干。在电子天平上称量空密度瓶(具塞)的质量。

(2)将密度瓶装满去离子水,塞好瓶塞,放入恒温槽内恒温10 min。用吸水纸吸去瓶塞上毛细管口溢出的液体,擦干密度瓶外表面,在电子天平上称量其质量,倒出蒸馏水。重复本步骤一次。

(3)用待测的NaCl水溶液涮洗已进行步骤(2)操作的密度瓶(3次),再装满10 g/L NaCl水溶液,塞好瓶塞,放入恒温槽内恒温10 min。用吸水纸吸去瓶塞上毛细管口溢出的液体,擦干密度瓶外表面,称量其质量。重复本步骤一次。

(4)重复步骤(3),测量其他浓度NaCl水溶液的质量。

五、注意事项

1. 密度瓶使用前应洗净、干燥。
2. 实验用水应经过煮沸、除气处理。

纯水的密度

六、数据记录与处理

1. 将实验数据填入表7-1,查出实验温度下纯水的密度,根据式(7-17)计算各浓度NaCl水溶液的密度。

$$\rho_{溶液} = \frac{m_{密度瓶+溶液} - m_{密度瓶}}{m_{密度瓶+水} - m_{密度瓶}} \rho_水 \tag{7-17}$$

表7-1 实验数据记录表

室温=_____℃   恒温槽温度=_____℃

	序号	1	2	3	4	5
质量/g	NaCl					
	NaCl+水					
	密度瓶					
	密度瓶+水					
	密度瓶+溶液					

2. 根据式(7-13)计算各浓度NaCl水溶液的$\sqrt{b_B}$和$V_{\Phi,B}$,作$V_{\Phi,B}$-$\sqrt{b_B}$图,求直线斜率$\left(\dfrac{\partial V_{\Phi,B}}{\partial \sqrt{b_B}}\right)_{T,p,n_A}$。

3. 根据式(7-15)和式(7-16)计算各浓度 NaCl 水溶液的 V_A 和 V_B，填入表2-2。计算时应该先根据 $V_{\Phi,B}$-$\sqrt{b_B}$ 图求 b_B 对应的$V_{\Phi,B}$。

表 7-2 实验数据处理表

序号	1	2	3	4	5
NaCl 溶液质量分数					
NaCl 溶液密度					
NaCl 溶液质量摩尔浓度 b_B					
$\sqrt{b_B}$					
NaCl 表观摩尔体积 $V_{\Phi,B}$					
直线斜率 $\left(\dfrac{\partial V_{\Phi,B}}{\partial \sqrt{b_B}}\right)_{T,p,n_A}$					
校正后的表观摩尔体积 $V_{\Phi,B}$					
水的偏摩尔体积 V_A					
NaCl 的偏摩尔体积 V_B					

七、思考题

1. 偏摩尔体积有可能小于零吗？
2. 如何减小本实验中的称量误差？
3. 影响本实验结果精度的主要因素是什么？

八、实验探究与拓展

1. 查阅文献，针对偏摩尔体积测定过程中密度瓶毛细管存在体积流失的情况，设计新方法并进行实验验证。

2. 在热力学学习过程中，对偏摩尔体积的理解容易停留在基本概念及计算上。查阅文献，进一步理解偏摩尔体积的计算及应用，开展课外讨论。

3. 实际问题探究：偏摩尔体积对应的体积变化使汽油与乙醇相溶后体积下降。油库向油罐车输送乙醇汽油时，可能产生计量偏差。查阅文献，分析各不确定因素并建立测量模型。

第3章 动力学实验

实验8　旋光法测定蔗糖转化反应的速率常数

一、实验目的

1. 测定蔗糖转化反应的速率常数和半衰期。
2. 了解该反应的反应物浓度与旋光度之间的关系。
3. 了解旋光仪的基本原理,掌握旋光仪的正确使用方法。

二、实验原理

蔗糖在水中转化成葡萄糖与果糖,其反应为

$$\text{C}_{12}\text{H}_{22}\text{O}_{11}(\text{蔗糖}) + \text{H}_2\text{O} \xrightarrow{\text{H}^+} \text{C}_6\text{H}_{12}\text{O}_6(\text{葡萄糖}) + \text{C}_6\text{H}_{12}\text{O}_6(\text{果糖}) \qquad ①$$

这是一个二级反应,在纯水中的反应速率极慢,通常需要在 H^+ 的催化作用下进行。反应体系中水是大量存在的,尽管有部分水分子参与反应,但是可近似认为整个反应过程中水的浓度不变;H^+ 是催化剂,其浓度保持不变。因此,蔗糖转化反应可看作一级反应。

一级反应的速率方程可用下式表示:

$$-\frac{\mathrm{d}c}{\mathrm{d}t} = kc \tag{8-1}$$

式中:c 为 t 时刻的反应物浓度;k 为反应速率常数。对式(8-1)积分,可得

$$\ln c = -kt + \ln c_0 \tag{8-2}$$

式中 c_0 为反应开始时反应物的浓度。当 $c = c_0/2$ 时,对应的时间 $t_{1/2}$ 为反应的半衰期:

$$t_{1/2} = \frac{\ln 2}{k} = \frac{0.693}{k} \tag{8-3}$$

从式(8-2)不难看出,在不同时刻测定反应物的相应浓度,并用 $\ln c$ 对 t 作图,可得一条直线,由直线斜率可求得反应速率常数 k。但反应是不断进行的,要实时测定反应物的浓度很困难。由于蔗糖及其转化产物具有旋光性,而且它们的旋

光能力不同,因此,可以通过监测体系旋光度的变化跟踪反应进程。

测定物质的旋光度所用的仪器称为旋光仪。溶液的旋光度与溶液中所含旋光物质的旋光能力、溶剂性质、溶液浓度、旋光管长度及温度等有关。当其他条件均固定时,旋光度 α 与反应物浓度 c 呈线性关系,即

$$\alpha = \beta c \tag{8-4}$$

式中比例常数 β 与物质旋光能力、溶剂性质、旋光管长度、温度等有关。

物质的旋光能力用比旋光度来衡量,比旋光度用下式表示:

$$[\alpha]_D^{20} = \frac{100\alpha}{lc} \tag{8-5}$$

式中:$[\alpha]_D^{20}$ 为比旋光度,其中 α 为测定的旋光度(°),右上角的"20"表示实验时温度为20 ℃,右下角的"D"是指光源使用钠灯 D 线,波长为 589 nm;l 为旋光管长度(dm);c 为样品的浓度(g/100 mL)。

作为反应物的蔗糖是右旋性物质,其比旋光度为66.6°。生成物中的葡萄糖是右旋性物质,其比旋光度为 52.5°;果糖是左旋性物质,其比旋光度为 -91.9°。由于生成物中果糖的左旋性比葡萄糖的右旋性强,生成物呈左旋性,因此,随着反应进行,体系的比旋光度不断减小。反应至某一瞬间时,体系的旋光度恰好等于零。此后体系呈左旋性,直至蔗糖完全转化。此时,比旋光度达到最小值 α_∞。

设体系最初的旋光度为

$$\alpha_0 = \beta_{反} c_0 \quad (t = 0,蔗糖尚未转化) \tag{8-6}$$

体系最终的旋光度为

$$\alpha_\infty = \beta_{生} c_0 \quad (t = \infty,蔗糖已完全转化) \tag{8-7}$$

式中 $\beta_{反}$ 和 $\beta_{生}$ 分别为反应物与生成物的旋光度-浓度关系比例常数。

t 时刻,蔗糖浓度为 c,旋光度为

$$\alpha_t = \beta_{反} c + \beta_{生} (c_0 - c) \tag{8-8}$$

联立式(8-6)、式(8-7)和式(8-8),可得

$$c_0 = \frac{\alpha_0 - \alpha_\infty}{\beta_{反} - \beta_{生}} \tag{8-9}$$

$$c = \frac{\alpha_t - \alpha_\infty}{\beta_{反} - \beta_{生}} \tag{8-10}$$

将式(8-9)和式(8-10)代入式(8-2),可得

$$\ln(\alpha_t - \alpha_\infty) = -kt + \ln(\alpha_0 - \alpha_\infty) \tag{8-11}$$

显然,以 $\ln(\alpha_t - \alpha_\infty)$ 对 t 作图可得一条直线,其斜率即反应速率常数 k。

三、实验仪器与试剂

(一)实验仪器

旋光仪、恒温水浴、秒表、移液管(50 mL)、烧杯(100 mL)、量筒(50 mL)、锥形瓶(250 mL)等。

(二)实验试剂

蔗糖(分析纯)、盐酸溶液(4.0 mol/L)、蒸馏水等。

四、实验步骤

(一)旋光仪清零

1. 打开电源,预热 5~10 min,确保钠灯发光正常。

2. 洗净旋光管,给旋光管的一端加上盖子,由另一端向管内灌满蒸馏水,然后盖上玻璃片和套盖,使玻璃片紧贴旋光管,此时管内不应有气泡。然后用滤纸将旋光管外的水擦干,再用擦镜纸将旋光管两端的玻璃片擦净,并将旋光管放入仪器试样槽,按下"清零"键进行清零。

(二)α_t 的测定

1. 将恒温水浴温度调节至实验温度(如 15 ℃、25 ℃、30 ℃或 35 ℃)。

2. 配制蔗糖溶液:称取 10 g 蔗糖,置于烧杯内,加入 40 mL 蒸馏水,使其完全溶解。若溶液浑浊,则需要过滤。

3. 移取 50 mL 蔗糖溶液,置于洁净干燥的 250 mL 锥形瓶内,塞上塞子;移取 50 mL 4.0 mol/L 盐酸溶液,置于另一个洁净干燥的 250 mL 锥形瓶内,塞上塞子。将两个锥形瓶同时置于恒温水浴内,恒温 10 min 以上,然后将锥形瓶取出,擦干瓶外壁的水珠。

4. 将盐酸溶液倒入蔗糖溶液中,迅速进行混合,同时记下反应开始的时间(秒表一经启动,不可中断计时,直至反应完毕)。混合均匀后,立即用少量反应液涮洗旋光管 2 次,然后将旋光管装满反应液,并旋上套盖,放入已预先恒温的旋光仪,测定各反应时刻体系的旋光度。第一个数据要求在反应开始 2 min 内进行测定,之后每分钟测定一次。反应 15 min 后,由于反应物浓度降低,反应速率变慢,可以适当增大测定的时间间隔,直到测定的旋光度为负值。

(三)α_∞ 的测定

将盛有反应液的锥形瓶置于 55 ℃水浴中恒温 40 min,使其反应完全。取出后,冷却至实验温度时测定旋光度,在 10~15 min 内按"复测"键读取 3 个数据。

这 3 个数据应在测定误差范围内,否则须重复水浴操作,直至符合要求。对测量数据取平均值,即得 α_∞ 值。

根据实验学时,可以只测试一个温度下的旋光度,求出反应速率常数 k;也可以测试不同温度下的旋光度,根据不同温度下的 k 计算反应的活化能。

五、注意事项

1. 反应用锥形瓶必须经过洗涤、干燥处理。
2. 实验用蔗糖的纯度应符合两个要求:①杂质无旋光性;②杂质虽然有旋光性,但不随时间发生变化。
3. 实验过程中,必须将盐酸溶液加入蔗糖溶液,反之则不行。若将蔗糖溶液加入盐酸溶液,由于大量盐酸的存在,反应速率很快,前期蔗糖消耗较多,会影响实验结果的准确性。
4. 温度对反应速率常数的影响很大,所以,严格控制反应温度是做好本实验的关键。
5. 测量前应提前 10 min 打开钠灯,使光源稳定。
6. 实验结束后,及时将旋光管洗净晾干并归位。不要弄掉旋光管两头的玻片。
7. 可根据实验温度适当调整盐酸(催化剂)的浓度,使反应在合理的时间范围内结束。

六、数据记录与处理

1. 将实验数据填入表 8-1,计算 α_t 和 α_∞。用 α_t 对 t 作图,拟合出光滑曲线。

表 8-1 实验数据记录表

温度=_____K 压力=_____Pa

$c_{盐酸}$ = 4.0 mol/L, α_∞ =									
t/min									
α_t/(°)									

2. 在 α_t-t 拟合曲线上等间距取 8～10 个点,求出对应的 $\ln(\alpha_t - \alpha_\infty)$,并用 $\ln(\alpha_t - \alpha_\infty)$ 对 t 作图,拟合出直线(其斜率即反应速率常数 k),计算反应半衰期。
3. 根据实验测得的不同温度下的 k,利用阿伦尼乌斯方程计算反应活化能。

七、思考题

1. 蔗糖转化反应速率常数和哪些因素有关?
2. 为什么可以用蒸馏水来校正旋光仪的零点(清零)?本实验是否必须进行零点校正?

3. 配制蔗糖溶液时称量不够准确,对测定结果有何影响?

4. 在混合蔗糖溶液和盐酸溶液时,须将盐酸溶液加入蔗糖溶液。可否将蔗糖溶液加入盐酸溶液?为什么?

5. 一级反应速率常数的单位是什么?

八、分析与讨论

1. 长时间使用旋光仪,其灵敏度和准确度会变差,故需要对零点进行校正。处理本实验数据时,使用的是旋光度的差值,仪器误差可以抵消不计,因此,即使本实验不进行零点校正,对结果也无影响。

2. 记录反应开始的时间不会影响 k 的测定。因为蔗糖转化反应为一级反应,本实验是以 $\ln(\alpha_t-\alpha_\infty)$ 对 t 作图,根据直线斜率求 k,反应开始时间仅影响直线的截距。

3. 如果旋光仪的光源不用钠灯,而改用其他波长的单色光,也可以进行实验测定。单色光的散射作用与波长有关,波长越短,散射作用越强。本实验中所观察的是透过光,因此,应选用波长较长的单色光。本实验通常选用钠灯,也可选用与其波长接近或波长更长的单色光。

4. 在 α_∞ 的测量过程中,剩余反应混合液加热温度不宜过高,以 50~55 ℃ 为宜,否则易发生副反应,使溶液颜色变黄。因为蔗糖是由葡萄糖与果糖脱水缩合而成的二糖。在高温下,除苷键断裂进行转化外,脱水反应会影响测量结果。

5. 古根海姆等时间间隔法求反应速率常数。古根海姆曾经推导出不需要测定反应终止浓度(本实验中的 α_∞),就能计算反应速率常数的方法,即等时间间隔法。设一级反应的反应物在 t 时刻和 $t+\Delta t$ 时刻的浓度分别为 c 和 c',则有

$$c = c_0 \exp(-kt) \tag{8-12}$$

$$c' = c_0 \exp[-k(t+\Delta t)] \tag{8-13}$$

式中 c_0 为反应物的起始浓度。由此可得

$$\ln(c-c') = -kt + \ln[c_0(1-e^{-k\Delta t})] \tag{8-14}$$

如果在一定时间间隔 Δt 内测得一系列数据,因为 Δt 为定值,所以,用 $\ln(c-c')$ 对 t 作图,即可由直线斜率求出 k。

九、实验探究与拓展

1. 设计实验,使用不同酸性物质作为催化剂,验证均相酸催化的 Brönsted 定律。

2. 设计实验,测定蔗糖酶催化蔗糖转化反应的速度常数。通过对比蔗糖酶催化与酸催化的反应速率常数,理解酶催化的高效性。

实验9 电导法测定乙酸乙酯皂化反应的速率常数

一、实验目的

1. 了解反应活化能的测定方法。
2. 了解二级反应的特点,学会用图解法求二级反应的速率常数。
3. 掌握电导率仪的使用方法。

二、实验原理

乙酸乙酯皂化反应是一个二级反应,二级反应的速率与反应物的浓度有关。在反应过程中,各物质的浓度随时间的变化而变化。某一时刻的 OH^- 浓度可以通过用标准酸进行滴定求得,也可以通过测定溶液的某些物理性质求得。通过测定溶液的电导率 κ 随时间的变化关系,可以监测反应的进程,进而求出反应的速率常数。为方便处理,在设计实验时,反应物 $CH_3COOC_2H_5$ 和 $NaOH$ 采用相同的浓度 c 作为起始浓度。当反应时间为 t 时,反应所生成的 CH_3COONa 和 C_2H_5OH 的浓度为 x,则 $CH_3COOC_2H_5$ 和 $NaOH$ 的浓度为 $(c-x)$。设逆反应可以忽略,则应有

$$CH_3COOC_2H_5 + NaOH \longrightarrow CH_3COONa + C_2H_5OH$$

反应前	c	c	0	0
t 时刻	$c-x$	$c-x$	x	x
$t \to \infty$	$\to 0$	$\to 0$	$\to c$	$\to c$

此二级反应的速率方程可表示为

$$\frac{dx}{dt} = k(c-x)(c-x) \tag{9-1}$$

对上式积分,得

$$\frac{x}{c(c-x)} = kt \tag{9-2}$$

显然,只要测出 t 时刻的 x,再将 c 代入,就可以计算出反应速率常数 k。

由于反应是在稀的水溶液中进行的,因此,可以假定 CH_3COONa 全部电离。溶液中参与导电的离子有 Na^+、OH^- 和 CH_3COO^- 等,而 Na^+ 在反应前后浓度不变,OH^- 的迁移率比 CH_3COO^- 的迁移率大得多。随着反应不断进行,OH^- 不断减少,而 CH_3COO^- 不断增多,所以,体系的电导率不断降低。在一定范围内,可以认为体系电导率的降幅和 CH_3COONa 浓度 x 的增幅成正比:

$$t \text{ 时刻}, x = \beta(\kappa_0 - \kappa_t) \tag{9-3}$$

$$t \to \infty, c = \beta(\kappa_0 - \kappa_\infty) \tag{9-4}$$

式中：κ_0 和 κ_t 分别为反应前和 t 时刻的电导率；κ_∞ 为反应终止时的电导率；β 为比例常数。将式(9-3)、式(9-4)代入式(9-2)，得

$$\frac{\beta(\kappa_0 - \kappa_t)}{c\beta[(\kappa_0 - \kappa_\infty) - (\kappa_0 - \kappa_t)]} = \frac{\kappa_0 - \kappa_t}{c(\kappa_t - \kappa_\infty)} = kt \tag{9-5}$$

也可写成

$$\frac{\kappa_0 - \kappa_t}{\kappa_t - \kappa_\infty} = ckt \tag{9-6}$$

由式(9-6)可知，测出 κ_0、κ_∞ 以及一组 κ_t 后，利用 $\dfrac{\kappa_0 - \kappa_t}{\kappa_t - \kappa_\infty}$ 对 t 作图，应得一条直线，由斜率即可求得反应速率常数 k。

三、实验仪器与试剂

（一）实验仪器

电导率仪、秒表、恒温水浴、单管电导池、双管电导池、移液管(20 mL)等。

（二）实验试剂

0.01 mol/L NaOH 溶液（现配现用）、0.02 mol/L NaOH 溶液（现配现用）、0.01 mol/L CH_3COONa 溶液（现配现用）、0.02 mol/L $CH_3COOC_2H_5$ 溶液（现配现用）、电导水等。

四、实验步骤

实验操作演示

1. 启动恒温水浴，调至所需实验温度。
2. 调节电导率仪常数。将铂黑电极浸泡于电导水中数分钟，取出后用电导水淋洗，用滤纸吸干电极上的水。打开电源开关，适时等温。将温度补偿钮置于"正常"，仪器自动读取当前温度。按"手动"按钮，然后按"常数"按钮，按"▲"或"▼"调整电导率常数，按"常数"按钮使电极常数与标签上的电导池常数一致，再按"常数"按钮，电导率仪常数即调整完毕，按"自动"按钮后即可测量溶液电导率。电极是否接上及仪器量程开关在何位置，不影响常数校正。
3. 将测定开关置于"测定"挡，选用适当的量程，将铂黑电极浸入待测溶液中，此时仪器显示的数值为被测溶液的电导率。
4. κ_0 和 κ_∞ 的测定。本实验采用单管电导池。取适量 0.01 mol/L NaOH 溶液，加入单管电导池中（估计能浸没铂黑电极并超出 1 cm）。取出铂黑电极，用相同浓度的 NaOH 溶液淋洗电极（注意：不要碰电极上的铂黑）。将电极插入电导池，并置于恒温水浴中，恒温约 10 min，接上电导率仪，按实验步骤 3 测定其电导率。每隔 2 min 读一次数据，读取 3 次。更换溶液，重复测定，如果两次测定值在误差允许

范围内,可取平均值(κ_0)。

实验测定过程中,不可能等到 $t \to \infty$,且反应并不完全不可逆,故通常以 0.01 mol/L CH_3COONa 溶液的电导率作为 κ_∞,其测定方法同 κ_0 的测定方法。注意:每次更换电导池中的溶液时,要先用电导水淋洗电极和电导池,再用待测溶液淋洗 2~3 次。

5. κ_t 的测定。本实验采用双管电导池(图 9-1),安装后置于恒温水浴内。移取 20 mL 0.02 mol/L NaOH 溶液,加入 A 管;移取 20 mL 0.02 mol/L $CH_3COOC_2H_5$ 溶液,加入 B 管;塞上橡皮塞,恒温 10 min,在 B 管上口用洗耳球将 $CH_3COOC_2H_5$ 溶液压入 A 管(注意:不要用力过猛),使之与 NaOH 溶液混合。当溶液压入一半时,开始记录反应时间。用洗耳球压 3~4 次,使溶液混合均匀,并立即测定电导率,每隔 2 min 读一次数据,直至电导率基本不变(一般反应时间为 45~60 min)。反应结束后,倾去反应液,洗净电导池,将铂黑电极浸入电导水中。

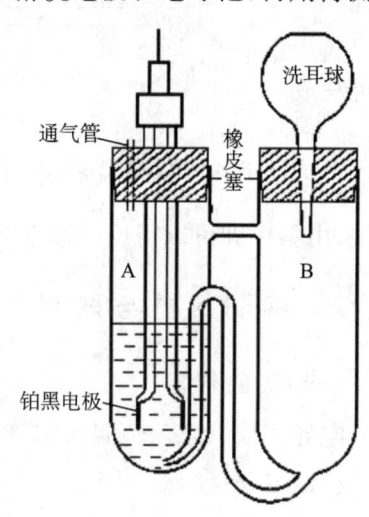

图 9-1 双管电导池示意图

6. 反应活化能的测定。按上述步骤,测定另一温度下的反应速率常数 k。利用阿伦尼乌斯方程计算反应活化能。

五、注意事项

1. 空气中的 CO_2 会溶入蒸馏水和配制的 NaOH 溶液,导致溶液电导率发生变化。$CH_3COOC_2H_5$ 溶液久置会发生水解,而水解产物之一 CH_3COOH 会部分消耗 NaOH,所以,本实验所用水为电导水,所用溶液均须现配现用。

2. 本实验中 NaOH 溶液和 $CH_3COOC_2H_5$ 溶液的起始浓度必须相等。

3. 不使用电极时应将其浸泡在蒸馏水中,使用前应用滤纸轻轻吸干其表面水分,不可用纸擦拭电极上的铂黑(以免改变电导池常数)。

4. 实验均须在恒温条件下进行(待测溶液在恒温水浴中恒温 10 min 后测试电导率),因为反应速率常数 k 受温度影响大。

5. $CH_3COOC_2H_5$ 溶液和 NaOH 溶液混合前一定要恒温 10 min,然后快速混合均匀。若两者没有充分混合就开始测定,则电导率仪处于以 NaOH 为主的环境氛围中,导致测定的 κ_t 偏大。

6. 必须确保双管电导池在放入液体前已处于水平状态,以免 $CH_3COOC_2H_5$ 溶液和 NaOH 溶液提前混合,造成实验结果不准确。

六、数据记录与处理

1. 将实验数据填入表 9-1。

表 9-1 实验数据

$T = $ _____ K $\kappa_0 = $ _____ μS/cm $\kappa_\infty = $ _____ μS/cm

间隔时间/min	累计时间/min	电导率(μS/cm)			$\dfrac{\kappa_0 - \kappa_t}{\kappa_t - \kappa_\infty}$
		κ_t	$\kappa_0 - \kappa_t$	$\kappa_t - \kappa_\infty$	

2. 根据测定数据，以 $\dfrac{\kappa_0 - \kappa_t}{\kappa_t - \kappa_\infty}$ 对 t 作图，并根据直线斜率计算反应速率常数 k。

3. 根据实验测得的不同温度下的反应速率常数 k，利用阿伦尼乌斯方程计算反应活化能。

七、思考题

1. 为什么本实验需要在恒温条件下进行？
2. 如何求该反应的活化能？
3. 如果 $CH_3COOC_2H_5$ 溶液和 NaOH 溶液均为浓溶液，能否用此方法求得反应速率常数 k？为什么？
4. 除电导法外，还有什么方法可以测定该反应的速率常数？
5. 二级反应速率常数的单位是什么？

八、分析与讨论

1. 乙酸乙酯的皂化反应是二级反应，反应物起始浓度相同是为了简化计算过程。如果反应物起始浓度不同，假设分别为 a 和 b，则

$$k = \frac{1}{t(a-b)} \ln \frac{b(a-x)}{a(b-x)} \tag{9-7}$$

经过变量转换，可以得出速率常数与电导率的关系，即

$$\ln\left[1 + \frac{a-b}{a} \cdot \frac{(\kappa_0 - \kappa_t)}{(\kappa_t - \kappa_\infty)}\right] = (a-b)kt \tag{9-8}$$

选择不同浓度的 $CH_3COOC_2H_5$ 溶液和 NaOH 溶液，可测定不同浓度的反应物在相同反应条件下的反应速率常数。根据反应速率与两种反应物浓度的乘积成正比的实验结果，可验证乙酸乙酯的皂化反应为二级反应。

2. 乙酸乙酯皂化反应是吸热反应，为避免反应热对反应速率的影响，所有待

测溶液均应先在恒温水浴中恒温 10 min 再进行电导率的测定。$CH_3COOC_2H_5$ 溶液和 NaOH 溶液在混合前均须预先恒温 10 min,以保证整个实验在相对稳定的温度下进行。

九、实验探究与拓展

1. 查阅文献,研究盐效应和酸度对乙酸乙酯皂化反应动力学的影响。

2. 甲基丙烯酸甲酯、丙烯酸乙酯等酯类在制造涂料、香料、地板上光剂等化学品方面有重要用途。近年来,人们设法减少涂料中对环境构成污染的有机溶剂的含量,采用毒性低的水基溶剂或共溶剂。查阅文献,研究不同酯类在水溶液和醇类-水混合溶剂中的皂化反应动力学。

实验 10 丙酮碘化反应速率常数的测定

一、实验目的

1. 掌握利用分光光度法测定酸催化丙酮碘化反应速率常数及活化能的实验方法。
2. 加深对复杂反应特征的理解。
3. 掌握分光光度计的使用方法。

二、实验原理

不同化学反应的反应机理是不相同的。按反应机理的复杂程度，可以将反应分为简单反应（基元反应）和复杂反应（总包反应）两种类型。简单反应是指反应物粒子经碰撞直接转化为产物的反应。复杂反应不是一步就能完成的，要通过许多步骤来完成，其中每一步都是一个基元反应。常见的复杂反应有对峙反应（或称可逆反应）、平行反应和连续反应等。

酸溶液中丙酮碘化反应是一个复杂反应，反应方程式为

$$CH_3COCH_3 + I_2 \xrightarrow{H^+} CH_3COCH_2I + H^+ + I^- \qquad ①$$

氢离子是该反应的催化剂。由于丙酮碘化反应本身生成氢离子，因此，这是一个自催化反应。

实验表明，在酸性溶液中，反应速率随氢离子浓度增大而增大。反应速率可表示为

$$v = -\frac{dc_A}{dt} = -\frac{dc_{I_2}}{dt} = k c_A^p c_{I_2}^q c_{H^+}^r \qquad (10\text{-}1)$$

式中：v 为反应速率；c_A、c_{I_2}、c_{H^+} 分别为丙酮、碘、氢离子的浓度（mol/L）；k 为反应速率常数；p、q、r 分别为丙酮、碘和氢离子的反应级数。速率、速率常数和反应级数均可由实验测定。

实验证明，丙酮碘化反应一般可分成如下步骤进行：

$$\begin{array}{c} CH_3 \\ | \\ C=O \\ | \\ CH_3 \end{array} + H^+ \underset{k_{-1}}{\overset{k_1}{\rightleftharpoons}} \left(\begin{array}{c} CH_3 \\ | \\ C-OH \\ | \\ CH_3 \end{array}\right)^+ \qquad ②$$

$$\left(\begin{array}{c} CH_3 \\ | \\ C-OH \\ | \\ CH_3 \end{array}\right)^+ \underset{k_{-2}}{\overset{k_2}{\rightleftharpoons}} \begin{array}{c} CH_3 \\ | \\ C=CH_2 \\ | \\ OH \end{array} + H^+ \qquad ③$$

$$\text{CH}_3-\underset{\underset{\text{OH}}{|}}{\overset{\overset{\text{CH}_2}{\|}}{\text{C}}} + \text{I}_2 \xrightarrow{k_3} \text{CH}_3-\underset{\underset{\text{O}}{\|}}{\overset{\text{CH}_2\text{I}}{\text{C}}} + \text{H}^+ + \text{I}^- \qquad ④$$

$$\text{CH}_3-\underset{\underset{\text{CH}_3}{|}}{\overset{\overset{\text{O}}{\|}}{\text{C}}} + \text{H}^+ \underset{k_{-2}}{\overset{k_2}{\rightleftharpoons}} \text{CH}_3-\underset{\underset{\text{OH}}{|}}{\overset{\overset{\text{CH}_2}{\|}}{\text{C}}} + \text{H}^+ \qquad ⑤$$

反应②③是丙酮的烯醇化反应,反应很慢且可逆,可合并为⑤。反应④是烯醇的碘化反应,反应快速且能进行到底。因此,丙酮碘化反应的总速率可认为由反应⑤决定。丙酮碘化反应对碘的反应级数是零级,故碘的浓度对反应速率没有影响,即动力学方程中 q 为零,式(10-1)可写成

$$v = -\frac{\mathrm{d}c_{\text{I}_2}}{\mathrm{d}t} = kc_{\text{A}}^p c_{\text{H}^+}^r \qquad (10\text{-}2)$$

该反应不会停留在一元碘化丙酮的阶段,还会继续进行下去,因此,可以使丙酮和酸过量,限制反应程度。这样,在碘完全消耗之前,丙酮和酸的浓度基本保持不变。由于反应速率与碘浓度无关(除非酸度很高),因而碘全部消耗前反应速率是常数。对式(10-2)移项后进行不定积分,得

$$c_{\text{I}_2} = -kc_{\text{A}}^p c_{\text{H}^+}^r t + B = -k't + B \qquad (10\text{-}3)$$

式中 B 为积分常数。从式(10-3)可以看出,碘的浓度与时间呈线性关系。因此,用 c_{I_2} 对时间 t 作图可以得到一条直线,由直线斜率可求得反应速率常数 k'。再根据不同温度下的速率常数,利用阿伦尼乌斯方程,可求得该反应的活化能 E_a。

$$\lg \frac{k'_2}{k'_1} = \frac{E_\text{a}}{R}\left(\frac{1}{T_1} - \frac{1}{T_2}\right) \qquad (10\text{-}4)$$

式中:R 为摩尔气体常数;k'_1、k'_2 分别为温度为 T_1、T_2 时的反应速率常数。

碘单质在可见光区有宽的吸收带,而且在此吸收带中,盐酸、丙酮、碘化丙酮和碘化钾溶液均没有明显的吸收,故可采用分光光度法直接测量碘浓度的变化,以跟踪反应进程。本实验通过测定反应体系在 565 nm(碘的最大吸收波长)的吸光度来确定碘浓度。根据朗伯-比尔定律,溶液的透光率与浓度的关系为

$$\lg T = \lg \frac{I}{I_0} = -K_\text{A} L c \qquad (10\text{-}5)$$

式中:T 为待测溶液的透光率;I、I_0 分别为某一波长光线透过待测溶液和空白溶液的光强;K_A 为吸光系数;L 为比色皿的光径长度;c 为待测溶液的浓度。溶质、溶剂、波长和比色皿的光径长度一定时,K_A 和 L 均为常数,$K_\text{A}L$ 数值可以由已知浓度的碘溶液求出。

联立式(10-3)和式(10-5),得

$$\lg T = -K_\text{A} L c_{\text{I}_2} = K_\text{A} L k' t - K_\text{A} L B \qquad (10\text{-}6)$$

以 $\lg T$ 对时间 t 作图得一条直线,由直线斜率可求得反应速率常数 k'。

三、实验仪器与试剂

(一)实验仪器

722 型分光光度计(附比色皿)、恒温槽、秒表、容量瓶(50 mL)、移液管(2 mL、5 mL)等。

(二)实验试剂

含 20% KI 的碘溶液(0.01 mol/L)、盐酸溶液(0.5 mol/L)、丙酮溶液(2.0 mol/L)、蒸馏水等。

实验操作演示

四、实验步骤

(一)722 型分光光度计的调节

1. 接通电源开关,使机器进入自检状态,预热 30 min。
2. 在灯光波长选择窗口,调节指针至 565 nm 处。
3. 使用功能键,选择 T(transmittance,透光率)状态,使 T 灯亮。
4. 在 T 状态下,用黑体校 0%,用蒸馏水校 100%。

(二)$K_A L$ 值的测定

1. 将浓度为 0.01 mol/L 的碘溶液稀释为 0.001 mol/L 和 0.00075 mol/L 的碘溶液,各 50 mL。
2. 将 0.001 mol/L 和 0.00075 mol/L 碘溶液分别装入反应样品池中,测定其透光率。每测一个样品,用待测溶液淋洗比色皿 3 遍。

(三)25 ℃时反应速率常数的测定

1. 用移液管移取 5 mL 2.0 mol/L 丙酮溶液,置于洁净的 50 mL 容量瓶中,加入 5 mL 去离子水,摇匀,塞上瓶塞,放入 25 ℃恒温槽中恒温。
2. 另取一支洁净的 50 mL 容量瓶,依次加入 5 mL 0.01 mol/L 碘溶液和 2 mL 0.5 mol/L 盐酸溶液,然后加入 5 mL 去离子水,摇匀,塞上瓶塞,放入 25 ℃恒温槽中恒温。
3. 将已恒温的丙酮溶液倒入盛有盐酸溶液和碘溶液的 50 mL 容量瓶中(丙酮溶液加一半时开始计时,以此作为反应开始时间),并用恒温的蒸馏水洗涤容量瓶 3~4 次,洗涤液合并倒入盛有碘溶液与盐酸的容量瓶,用蒸馏水稀释至 50 mL 刻度处,摇匀。
4. 用反应溶液淋洗几遍比色皿后,加入约 2/3 体积的反应溶液,放入暗盒中,测量透光率。每分钟读数一次,共计数 60 次(或读数至透光率为 80% 左右)。

5. 测量完毕，检查零点与蒸馏水透光率。洗净容量瓶、移液管，并将其置于原处。

（四）35 ℃时反应速率常数的测定

参照步骤（三）中方法测 35 ℃时丙酮碘化反应的速率常数。

五、注意事项

1. 实验所需溶液均须精确配制。实验容器应用蒸馏水充分清洗，否则会因为产生沉淀而使实验失败。

2. 反应物的混合要在恒温槽中进行，操作必须迅速准确。

3. 向溶液中加入丙酮后，反应即开始。如果从加入丙酮到开始读数之间的间隔较长，可能无法获取足量数据，甚至会出现刚开始读数时透光率就已经超过 80% 的情况。当盐酸浓度或丙酮浓度较大时，更易出现这种情况。为避免实验失败，加入丙酮前应调节好分光光度计，加入丙酮后应尽快操作，在 2 min 内读取第一组数据。

4. 当碘浓度较大时，可能会发生多元取代反应。这时应记录反应开始一段时间后的数据，以减小实验误差。

5. 手持比色皿粗糙面。添加溶液至比色皿后，用擦镜纸将光滑面擦干净。

六、数据记录与处理

1. 利用式(10-5)求出 $K_A L$ 值。

2. 以 $\lg T$ 对 t 作图，由直线斜率求出 25 ℃时的反应速率常数 k'。

3. 求出 35 ℃时的反应速率常数，并利用式(10-4)求出反应的活化能。

七、思考题

1. 在本实验中，若将丙酮溶液加入含有碘、盐酸的容量瓶后并不立即开始计时，而在注入比色皿后才开始计时，是否可行？为什么？

2. 影响本实验结果精确度的主要因素是什么？

3. 为什么要选择碘的最大吸收波长作为测试波长？

4. 在实验过程中，漏测或少测一个数据对实验结果有无影响？

八、分析与讨论

为了测定丙酮碘化反应中各物质的反应级数，需要固定氢离子的浓度，改变丙酮的浓度，进行两次实验。若分别用 1 和 2 表示这两次实验，使 $c_{A,2} = u c_{A,1}$，$c_{H^+,2} = c_{H^+,1}$，则由式(10-2)可得

$$\frac{v_2}{v_1} = \frac{kc_{A,2}^p c_{H^+,2}^r}{kc_{A,1}^p c_{H^+,1}^r} = \frac{c_{A,2}^p}{c_{A,1}^p} = u^p \tag{10-7}$$

$$\lg \frac{v_2}{v_1} = p \lg u \tag{10-8}$$

$$p = \frac{\lg \frac{v_2}{v_1}}{\lg u} \tag{10-9}$$

同理，可以求反应级数 r。若使 $c_{A,3} = c_{A,1}$，$c_{H^+,3} = w c_{H^+,1}$，则可得出

$$r = \frac{\lg \frac{v_3}{v_1}}{\lg w} \tag{10-10}$$

根据式(10-2)，由反应级数、反应速率和浓度可以计算出反应的速率常数 k。

九、实验探究与拓展

1. 查阅文献，研究丙酮碘化反应动力学的盐效应，探讨离子强度对活化能、指前因子、活化焓和活化熵的影响规律，得出定量关系式。

2. 分析实验数据，说明波长对丙酮碘化反应速率常数测定的影响。

3. 结合量子力学，对酸催化丙酮碘化反应的多种竞争性途径进行理论研究，解释反应机理和速率方程之间的关系，从微观角度揭示水合质子及水分子在反应中的作用。

实验 11 量气法测定 H_2O_2 催化分解反应的速率常数

一、实验目的

1. 掌握一级反应的特点,了解催化剂对反应速率的影响。
2. 了解 H_2O_2 催化分解反应速率常数的测定方法。
3. 掌握量气技术和体积校正的方法,学会用图解法求一级反应的速率常数。

二、实验原理

在没有催化剂存在时,H_2O_2 分解反应进行得很慢。若用 KI 溶液作催化剂,则能加速其分解。

$$H_2O_2 \xrightarrow{KI} H_2O + \frac{1}{2}O_2(g) \qquad ①$$

该反应的机理是:

第一步: $\qquad H_2O_2 + KI \longrightarrow KIO + H_2O(慢) \qquad ②$

第二步: $\qquad KIO \longrightarrow KI + \frac{1}{2}O_2(g)(快) \qquad ③$

由于第一步的反应速率比第二步慢得多,因此,整个分解反应的速率取决于第一步。反应速率可以用单位时间内 H_2O_2 浓度的减小量表示,它与 KI 和 H_2O_2 的浓度成正比:

$$-\frac{dc_{H_2O_2}}{dt} = k_{H_2O_2} c_{KI} c_{H_2O_2} \qquad (11-1)$$

式中:c 表示各物质的浓度(mol/L);t 为反应时间(s);$k_{H_2O_2}$ 为反应速率常数,它的大小仅取决于温度。

KI 为催化剂,其浓度在反应前后不变。令 $k_1 = k_{H_2O_2} c_{KI}$,则

$$-\frac{dc_{H_2O_2}}{dt} = k_1 c_{H_2O_2} \qquad (11-2)$$

式中 k_1 为表观反应速率常数。此式表明,反应速率与 H_2O_2 浓度的一次方成正比,故称为一级反应。对上式积分,得

$$\ln \frac{c_t}{c_0} = -k_1 t \qquad (11-3)$$

式中 c_0 和 c_t 分别为 H_2O_2 的初始浓度和 t 时刻的浓度。

温度与催化剂浓度一定时,k_1 为定值。所以,对一级反应而言,c_t/c_0 的值仅与 t 有关,而与反应物初始浓度无关。

在 H_2O_2 催化分解过程中，t 时刻 H_2O_2 的浓度 c_t 可通过测定在相应的时间内反应放出 O_2 的体积求得。设 V_∞ 为 H_2O_2 全部分解所放出的 O_2 体积，V_t 为 H_2O_2 在 t 时刻放出的 O_2 体积，则 $c_0 \propto V_\infty$，$c_t \propto (V_\infty - V_t)$，代入式(11-3)得

$$\ln(V_\infty - V_t) = -k_1 t + \ln V_\infty \tag{11-4}$$

若 H_2O_2 催化分解是一级反应，则以 $\ln(V_\infty - V_t)$ 对 t 作图应得一条直线，由直线的斜率可求出表观反应速率常数 k_1。这种利用动力学方程的积分式来确定反应级数的方法称为积分法。

三、实验仪器与试剂

(一)实验仪器

锥形瓶、气体体积测定装置、秒表、针筒注射器、移液管(10 mL、20 mL)、恒温水浴。

(二)实验试剂

H_2O_2 溶液(3%)、KI 溶液(0.1 mol/L)、蒸馏水等。

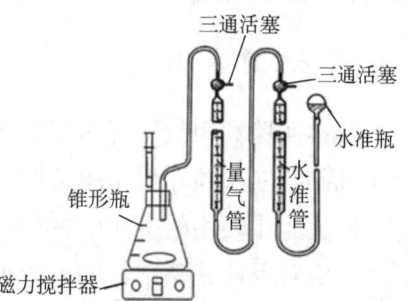

图 11-1　H_2O_2 催化分解实验装置示意图

四、实验步骤

(一)仪器准备与检漏

按照图 11-1 搭好实验装置。分别移取 20 mL 蒸馏水和 10 mL 0.1 mol/L KI 溶液，置于锥形瓶中，盖紧锥形瓶上的瓶塞。

旋转量气管三通活塞，使系统与外界相通，高举水准瓶，让液体充满量气管；然后旋转三通活塞，使系统与外界隔绝，并将水准瓶放到最低位置。若量气管中液面在 2 min 内保持不变，则表示系统不漏气；否则应找出原因，排除故障后再检漏。

(二)测定不同反应时刻氧气的体积 V_t

1. 使量气管与大气相通，在铁架台上选好 6 个测试点，使水准管始终与大气相通，并将水准瓶固定在 $V=0$ 处。同时记录量气管的液面刻度。

2. 依次下移并将水准瓶固定到测试点 1、2、3、4、5、6，记录量气管对应的各个测试点的读数。

3. 重新将水准瓶固定在 $V=0$ 处，使量气管与大气隔绝，并将水准瓶固定在测试点 1。

4. 开启磁力搅拌器，用针筒注射器量取 5 mL 3% H_2O_2 溶液，迅速注入锥形瓶，在注射器注射时启动秒表 1。当量气管与水准管液面持平时，同时按动秒表 1

与秒表 2。记录秒表 1 的读数和室温,然后将秒表 1 复零。

5. 将水准瓶固定在测试点 2。当量气管与水准管液面水平时,同时按动秒表 1 和秒表 2。记录秒表 2 的读数和室温,然后将秒表 2 复零。

6. 用同样的方法,在测试点 3、4、5、6 进行测定。

(三)测定 H_2O_2 完全分解时氧气的体积 V_∞

将锥形瓶置于 50~60 ℃ 水浴中加热 15 min,直至没有气泡产生。冷却至室温,读取量气管体积,即 V_∞。

五、注意事项

1. 本实验利用量气管测定 H_2O_2 分解产生的氧气体积,以此确定反应的速率常数,因此,实验须在恒压的条件下进行,以保证系统不漏气。

2. 实验中使用的 H_2O_2 溶液应现配现用,而且最好用二次蒸馏水配制。

3. 表观反应速率常数的准确度直接取决于 V_t 和 V_∞ 测定的精确度。另外,H_2O_2 溶液的初始浓度和体积要合适,使 V_∞ 控制在 30~50 mL 范围内。

4. 读数时,务必使量气管内液面与水准管内液面处于同一水平面。

5. 搅拌速度要适中;反应开始后,不能随意调节搅拌速度。

六、数据记录与处理

1. 将实验数据填入表 11-1。

表 11-1 实验数据记录与处理

测试点	体积/mL	时间 t/s	$(V_\infty - V_t)$/mL	$\ln(V_\infty - V_t)$
—	V_0	0		
1	V_1			
2	V_2			
3	V_3			
4	V_4			
5	V_5			
6	V_6			

2. 以 $\ln(V_\infty - V_t)$ 对 t 作图,求出直线斜率。

3. 计算 H_2O_2 分解反应的速率常数和半衰期。

七、思考题

1. 反应速率常数与哪些因素有关?

2. 如何量化催化剂 KI 的浓度对反应速率常数的影响?

3. 若要求反应活化能，则应如何安排实验？
4. 读取氧气体积时，为何要求量气管与水准瓶中液面处于同一水平面？
5. H_2O_2 和 KI 溶液的初始浓度对实验结果有无影响？应根据什么条件选择？

八、分析与讨论

1. 过氧化氢分解的热力学及动力学性质。过氧化氢水溶液俗称双氧水，是弱酸性无色透明液体，溶于水、醇及醚，浓度高时具有腐蚀性；需要避光保存于阴凉、通风处，避免与碱、金属及金属化合物、易燃品接触；可用作氧化剂、漂白剂、消毒剂、脱氧剂、聚合物引发剂和交联剂等，广泛应用于化工、纺织、造纸、军工、电子、航天、医药、食品、建筑及环境保护等行业。由于其分子结构呈低对称性且存在过氧键，过氧化氢分子会发生自分解反应。该分解反应的标准摩尔反应焓变 $\Delta_r H_m^\ominus$ 为 $-198\ kJ/mol$，标准摩尔反应吉布斯自由能变 $\Delta_r G_m^\ominus$ 为 $-160.77\ kJ/mol$，标准平衡常数 $K^\ominus$ (298.15 K) 为 1.067，分解压为 106.7 kPa，所以，过氧化氢在常温常压条件下可在空气中自行分解。但是，过氧化氢分解反应的活化能约为 $220\ kJ/mol$，故低温、避光、无催化剂存在时分解速率很低。实验表明，温度为 30 ℃时，纯过氧化氢或高纯度过氧化氢溶液的分解率约为每年 1%；温度升高到 100 ℃后，分解率为每年 2%。

2. 过氧化氢催化分解反应机理。关于过氧化氢催化分解反应机理，主要存在两种观点，即自由基机理和配合物机理。

(1) 光催化过氧化氢分解机理。过氧化氢被波长为 320~380 nm 的光照射时，通常认为会发生游离基链式分解反应：

$$H_2O_2 \xrightarrow{h\nu} 2HO\cdot \qquad ④$$

$$H_2O_2 + HO\cdot \longrightarrow HOO\cdot + H_2O \qquad ⑤$$

$$HO\cdot + HOO\cdot \longrightarrow O_2 + H_2O \qquad ⑥$$

(2) 碱催化过氧化氢分解机理。一般认为，碱性条件下过氧化氢按式⑦⑧进行分解：

$$H_2O_2 + OH^- \rightleftharpoons HOO^- + H_2O \qquad ⑦$$

$$H_2O_2 + HOO^- \longrightarrow O_2 + OH^- + H_2O \qquad ⑧$$

(3) 金属离子催化过氧化氢分解机理。过氧化氢溶液中含有的某些金属及其离子也会对过氧化氢分解速度产生影响。如 Cu、Fe、Mn、Ni、Zn、Cr 等都能催化过氧化氢分解，其中催化作用最强的是 Cu 和 Fe。实验表明，金属离子能促进过氧化氢分解反应是因为它们可以产生活性很强的游离基。

$$H_2O_2 + M^{n+} \longrightarrow HO\cdot + HO^- + M^{(n+1)+} \qquad ⑨$$

$$H_2O_2 + HO\cdot \longrightarrow HOO\cdot + H_2O \qquad ⑩$$

$$\text{HOO} \cdot + M^{(n+1)+} \longrightarrow O_2 + H^+ + M^{n+} \tag{⑪}$$

除此以外,金属氧化物(如 MnO_2、CuO、Fe_2O_3)、金属离子络合物、过氧化氢酶等都可以催化过氧化氢分解反应,但机理不同。

3. 求取 V_∞ 的3种方法。

(1) 外推法。以 V_t 对 $1/t$ 作图,将所得直线外推至 $1/t = 0$,其截距即 V_∞。

(2) 加热法。测定若干 V_t 数据后,将 H_2O_2 溶液加热至 $50\sim60\ ℃$,保持约 $15\ min$,可认为 H_2O_2 基本分解完全。待溶液冷却至实验温度时,记录量气管读数,即 V_∞。

(3) 根据 H_2O_2 原始溶液的浓度和体积计算出 V_∞,计算式如下:

$$V_\infty = \frac{c_{H_2O_2} V_{H_2O_2}}{2} \times \frac{RT}{p_{O_2}} \tag{11-5}$$

式中:$c_{H_2O_2}$ 为 H_2O_2 原始溶液的浓度;$V_{H_2O_2}$ 为发生分解反应的 H_2O_2 溶液的体积;T 为量气管温度;p_{O_2} 为氧气分压,即大气压减去实验温度下水的饱和蒸气压。

九、实验探究与拓展

1. 探究 MnO_2、KI 溶液、$FeCl_3$ 溶液、$CuSO_4$ 溶液和 $CuCl_2$ 溶液对过氧化氢分解反应速率的影响,并比较它们的催化效率。试分析阳离子相同时,阴离子(如氯离子、硫酸根离子)对过氧化氢分解反应的速率有无影响。

2. 设计实验,探究加热法测定 V_∞ 的可行性,得出过氧化氢受热分解速率与温度的定量关系。

3. 探索氧气体积测定的其他方法。

实验 12 BZ 振荡反应

一、实验目的

1. 了解 BZ 振荡反应的基本原理,体会自催化过程是产生振荡反应的必要条件。
2. 初步理解耗散结构系统远离平衡的非线性动力学机制。
3. 了解溶液配制要求及反应物投放顺序,掌握测定反应系统中电势变化的方法。
4. 掌握 BZ 振荡反应实验系统软件的操作方法。

二、实验原理

目前,研究较多、较清楚的典型耗散结构系统是 BZ 振荡反应系统,即有机物在酸性介质中被催化、溴氧化的一类反应。例如,丙二酸在 Ce^{4+} 的催化作用下,在酸性介质中被溴氧化。

$$2BrO_3^- + 3CH_2(COOH)_2 + 2H^+ = 2BrCH(COOH)_2 + 3CO_2 + 4H_2O \qquad ①$$

该反应过程是比较复杂的。该反应系统的中间物 $HBrO_2$ 是至关重要的,可导致反应系统自催化过程的发生,从而引起反应振荡。为简洁地解释反应中有关现象,可将反应过程适当简化。

当 Br^- 浓度不高时,产生的中间物 $HBrO_2$ 能自催化下列反应:

$$BrO_3^- + HBrO_2 + H^+ = 2BrO_2^\cdot + H_2O \qquad ②$$

$$BrO_2^\cdot + Ce^{3+} + H^+ = HBrO_2 + Ce^{4+} \qquad ③$$

在反应③中快速积累的 Ce^{4+} 又加速下列氧化反应:

$$4Ce^{4+} + BrCH(COOH)_2 + H_2O + HBrO = 2Br^- + 4Ce^{3+} + 3CO_2 + 6H^+ \qquad ④$$

Br^- 浓度达到临界值后,反应系统中的下列反应成为主导反应:

$$BrO_3^- + Br^- + 2H^+ = HBrO_2 + HBrO \qquad ⑤$$

$$HBrO_2 + Br^- + H^+ = 2HBrO \qquad ⑥$$

反应⑥与反应②竞争 $HBrO_2$,导致反应②③几乎不发生,Br^- 不断被消耗。当 Br^- 浓度降至临界值以下时,反应②③占主导,而反应⑤⑥几乎不发生。

由此可见,反应系统中 Br^- 浓度的变化相当于一个"启动"开关:当 $c_{Br^-} < c_{Br^-,c}$ 时,反应②③占主导,通过反应④不断积累 Br^-;当 $c_{Br^-} > c_{Br^-,c}$ 时,反应⑤⑥占主导,Br^- 又被消耗。由于反应②③中存在自催化过程,动力学方程式中出现非线性关系,导致反应系统出现振荡现象。Br^- 在反应⑤⑥中被消耗,又在反应④中生成,Ce^{3+}、Ce^{4+}分别在反应③④中经历消耗和再生。因此,Br^-、Ce^{3+}、Ce^{4+}浓度在反应过程中会出现周期性变化,而反应物BrO_3^-和$CH_2(COOH)_2$在反应过程中不断被消耗,不会再生,不会出现振荡现象。$c_{Br^-,c}$可由下式求得:

$$k_2 c_{BrO_3^-} c_{HBrO_2} c_{H^+} = k_6 c_{HBrO_2} c_{Br^-,c} c_{H^+} \tag{12-1}$$

$$c_{Br^-,c} = \frac{k_2}{k_6} c_{BrO_3^-} \approx 5 \times 10^{-6} c_{BrO_3^-} \tag{12-2}$$

三、实验仪器与试剂

(一)实验仪器

ZD-BZ振荡实验装置、反应器、恒温水浴、铂电极、217型甘汞电极、容量瓶(250 mL)、移液管、洗耳球、烧杯等。

(二)实验试剂

丙二酸(分析纯)、溴酸钾(优级纯)、硫酸铈铵(分析纯)、浓硫酸(分析纯)等。

四、实验步骤

1. 连接仪器,打开恒温水浴,将温度设置为25.0 ℃±0.1 ℃。
2. 配制 0.45 mol/L 丙二酸、0.25 mol/L 溴酸钾、3.00 mol/L 硫酸,各 250 mL。用 0.20 mol/L 硫酸介质配制 250 mL 0.004 mol/L 硫酸铈铵。
3. 在反应器中加入配制的丙二酸溶液、溴酸钾溶液、硫酸溶液(各 15 mL)。
4. 打开磁力搅拌器,调至适当的转速。
5. 选择量程(2 V),将两极输入线短接,按"清零"键,消除系统测量误差。清零后,将甘汞电极接负极,铂电极接正极。
6. 恒温 10 min 后,加入 15 mL 硫酸铈铵溶液,观察溶液的颜色变化,同时开始计时并记录相应的电势变化。

打开软件,点击"数据采集",切换到数据采集窗口,点击"体系 1"。选择通讯模式:依次点击"设置""寻找通讯口""通讯口选择"。设置采样时间:依次点击"设置""采样时间"(软件默认为 1 s)。输入实验参数后,依次点击"数据通讯""开始通讯",软件开始绘图。

7. 分别将温度设置为 30 ℃、35 ℃、40 ℃、45 ℃、50 ℃,重复实验。

五、注意事项

1. 217型甘汞电极用 1.00 mol/L 硫酸溶液作液接。
2. 配制 0.004 mol/L 硫酸铈铵溶液时,一定要用 0.20 mol/L 硫酸介质配制,防止因发生水解而使溶液混浊。

3. 使用的反应容器一定要冲洗干净,必须对转子的位置及速度加以控制。

六、数据记录与处理

1. 实验软件处理。用 BZ 振荡实验软件计算活化能参数：取诱导时间 t_u 和振荡周期 t_z,计算诱导表观活化能 E_u 和振荡表观活化能 E_z。

2. 人工处理。用 $\ln(1/t_u)$ 对 $1/T$ 作图,通过软件计算 E_u 和 E_z。

软件具体操作：点击"数据处理"选项卡,切换到数据处理窗口。打开绘制好的 BZ 振荡反应实验曲线。执行"数据处理""图形处理"命令,查看当前窗口显示曲线的属性值。执行"数据处理""拾取活化能参数"命令,进入计算诱导时间 t_u 和振荡周期 t_z 的状态（绘图区右上角有红色文字提示）,分别把鼠标移到诱导时间的起点和终点,单击右键,求诱导时间 t_u,再把鼠标分别移到 $n(n \geqslant 1)$ 个连续振荡周期的起点和终点,单击右键,求平均振荡周期 t_z。用鼠标右键单击标定,用鼠标左键双击,可以放大当前图形。执行"数据处理""数据映射"命令,软件可以自动把 BZ 振荡反应实验曲线的诱导时间 t_u、振荡周期 t_z 和体系温度填到表格中。执行"数据处理""计算活化能"命令,计算出诱导表观活化能 E_u 和振荡表观活化能 E_z。依次执行"文件""保存""打印"命令,对谱图进行保存和打印。

七、思考题

1. 试述影响诱导时间的主要因素。
2. 初步说明 BZ 振荡反应的特征及本质。
3. 说明实验中测得的电势的含义。

八、分析与讨论

1. 影响诱导时间的主要因素是中间体的生成速率、温度、反应物的浓度、催化剂等。

2. BZ 振荡反应的本质是耗散结构,化学振荡的动力学可用非线性的微分方程描述。BZ 振荡反应具有以下几个特征：①反应是开放系统,且远离平衡状态；②反应过程中包含自催化的步骤；③系统具有双稳定性。

3. 实验中测得的电势值可反映离子的浓度随时间的周期性变化。

九、实验探究与拓展

1. 探索催化剂、反应物的浓度对 BZ 振荡体系的影响,对体系的反应机理进行化学动力学分析,并讨论各反应条件的改变为何能引起反应参数的变化,总结研究反应机理的一般方法。

2.查阅相关文献,拜访院系内从事相关研究的教师,了解BZ振荡反应的研究历史和现状。

电化学实验

实验 13 离子迁移数的测定

一、实验目的

1. 明确溶液导电的机理和离子迁移数的意义。
2. 掌握希托夫法测定离子迁移数的基本原理和铜电量计测定电量的方法。
3. 测定 $CuSO_4$ 溶液中 Cu^{2+} 和 SO_4^{2-} 的迁移数。

二、实验原理

在电场的作用下,溶液中正、负离子向两极迁移;在电极与溶液交界处,离子依靠电极反应参与电荷交换。这两部分构成了电解质溶液的导电过程。电解时,这两部分的定量关系是:

① 在两极同时发生氧化还原反应:每通过 1 F 电量(96500 C),在两极上发生反应的物质的量 n 为 $1/z$(z 为电极反应式中的电子计量系数)。

② 溶液中导电的正、负离子迁移率和迁移电量不一定相同,但正、负离子迁移电量之和等于电解时所通过的电量。

例如,用铜电极对 $CuSO_4$ 溶液进行电解,两极所进行的反应分别为

$$阳极反应:Cu(s) \rightleftharpoons Cu^{2+} + 2e^-$$

$$阴极反应:Cu^{2+} + 2e^- \rightleftharpoons Cu(s)$$

由此可见,阳极生成的 Cu^{2+} 的物质的量等于阴极生成的金属铜的物质的量。两个铜电极周围区域的 Cu^{2+} 浓度不仅取决于电解的时间及所使用的电流强度,而且和铜离子及硫酸根离子的迁移率有关。希托夫于 1853 年首次运用这一原理来测定离子的迁移数。

某种离子的迁移数定义为该离子所迁移的电量与通过溶液的总电量之比,即

$$t_+ = \frac{Q_+}{Q} = \frac{U_+}{U_+ + U_-} \tag{13-1}$$

$$t_- = \frac{Q_-}{Q} = \frac{U_-}{U_+ + U_-} \tag{13-2}$$

式中：t_+、Q_+、U_+ 分别为正离子的迁移数、迁移电量、迁移率；t_-、Q_-、U_- 分别为负离子的迁移数、迁移电量、迁移率；Q 是通过溶液的总电量。

对于 $CuSO_4$ 的电解而言，如果两个铜电极间通过 $2X$ F 电量，且没有 Cu^{2+} 迁移，则应有 X mol Cu^{2+} 从阴极区消失。然而，阴极区仅减少 Y mol Cu^{2+}。Y 小于 X 是因为阳极区的 Cu^{2+} 向阴极区迁移。所以，通过 $2X$ F 电量期间，迁移到阴极区的 Cu^{2+} 的物质的量为 $(X-Y)$ mol，Cu^{2+} 输送的电量所占比例（迁移数）为

$$t_+ = \frac{X-Y}{X} \tag{13-3}$$

同样，Cu^{2+} 的迁移数也可以根据阳极区 Cu^{2+} 浓度的变化来计算：

$$t_+ = \frac{X-Z}{X} \tag{13-4}$$

式中 Z（单位为 mol）是通过 $2X$ F 电量期间，阳极区实际增加的 Cu^{2+} 的物质的量。

本实验采用希托夫电解池，整个电解装置如图 13-1 所示。

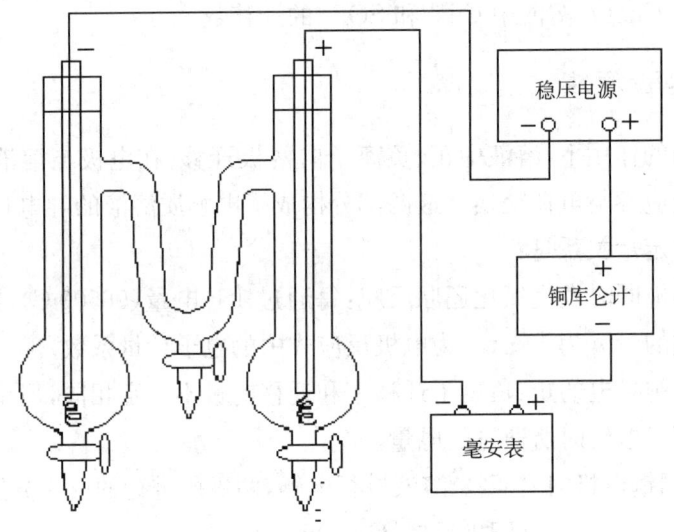

图 13-1　希托夫法测离子迁移数实验装置示意图

电解时，采用 10～20 mA 的小电流，防止搅动溶液。电解结束，应立即从阴极区、阳极区和中间区中放出溶液，分别分析它们的浓度，计算各区溶液中 Cu^{2+} 的含量变化。

为了确定电解时通过电解池的总电量，在整个装置中串联了铜库仑计（铜电量计）。铜库仑计以两个铜片作正、负极，以 $CuSO_4$ 的混合液为电解液。电解液的组成：10 g $CuSO_4$ 溶解于 100 mL 混合液中，混合液含 0.5 mL 硝酸（浓硝酸和水的体积比为 1∶1）、2～3 mL 2.00 mol/L 硫酸和 0.5 g 尿素。铜库仑计中的电极反应为

负极反应：$\frac{1}{2}\text{Cu}^{2+} + \text{e}^- =\!=\!= \frac{1}{2}\text{Cu}(s)$

正极反应：$\frac{1}{2}\text{Cu}(s) =\!=\!= \frac{1}{2}\text{Cu}^{2+} + \text{e}^-$

铜库仑计中的电流密度以 2~20 mA/cm² 为宜。若电流密度过大，则沉积铜疏松；若电流密度过小，则易发生副反应 $\text{Cu}^{2+} + \text{Cu}(s) =\!=\!= 2\text{Cu}^+$。断电后，应立即取出负极铜片，以免沉积的铜溶解。可根据负极铜片上沉积的铜的物质的量计算总电量 Q，也可通过精确测定通过电解池的电流和通电时间来计算总电量。

三、实验仪器与试剂

（一）实验仪器

希托夫电解池（附铜电极 2 只）、铜库仑计、毫安表、稳压电源、秒表、磨口锥形瓶（100 mL）、锥形瓶（250 mL）、滴定管（50 mL）、移液管（25 mL）等。

（二）实验试剂

CuSO_4 溶液（0.05~0.10 mol/L）、KSCN 标准溶液（0.0500 mol/L）、$\text{Na}_2\text{S}_2\text{O}_3$ 标准溶液（0.1000 mol/L）、H_2SO_4 溶液（2.00 mol/L）、KI 溶液（20%）、HNO_3 溶液（6.00 mol/L）、无水乙醇、蒸馏水等。

四、实验步骤

1. 将 2 只铜电极和铜库仑计中作负极的铜片放在 6.00 mol/L HNO_3 溶液中，取出后用蒸馏水冲洗。用无水乙醇淋洗铜库仑计中负极铜片，吹干后称重，记下质量。

实验操作演示

2. 向洁净干燥的希托夫电解池中加入 CuSO_4 溶液，并将烘干后的 2 只铜电极装入电解池。

3. 按电解装置示意图（图 13-1）连接好线路。先开启稳压电源开关，再把铜库仑计负极铜片浸入其电解液中。毫安表显示读数时按秒表开始计时，同时迅速将电流调整为 15 mA，电解 1 h。

4. 电解期间，分别把 3 只洁净干燥的 100 mL 磨口锥形瓶放在台秤上称重，精确到 0.1 g。按照福尔哈德法准确测定 CuSO_4 浓度，具体方法如下：

移取 25 mL CuSO_4 溶液 2 份，分别置于 250 mL 锥形瓶中。向每个锥形瓶中加入 5 mL 2.00 mol/L H_2SO_4 溶液和 5 mL 20% KI 溶液，用 $\text{Na}_2\text{S}_2\text{O}_3$ 标准溶液滴定至溶液呈浅黄色；再加入 5 mL 20% KI 溶液，继续用 $\text{Na}_2\text{S}_2\text{O}_3$ 标准溶液滴定至溶液呈浅黄色；最后加入 10 mL 0.0500 mol/L KSCN 标准溶液，用 $\text{Na}_2\text{S}_2\text{O}_3$ 标准溶液滴定至黄色恰好消失，此即滴定终点。

5. 电解完成后,迅速取出铜库仑计中负极铜片,用蒸馏水洗净,然后用无水乙醇淋洗,吹干后称重。同时迅速把电解池中 3 个区域(阴极区、阳极区和中间区)的溶液分别转移至已称重的磨口锥形瓶中,放在台秤上称重。然后分别用移液管从各区溶液中移取 25 mL 置于 250 mL 锥形瓶中,用福尔哈德法分别测定电解后各区的 $CuSO_4$ 浓度。

五、数据记录与处理

1. 计算通过电解池的总电量 Q。分别按铜库仑计中负极铜片的质量增量和通过的电流、通电时间计算,以便比较。

(1) 按铜库仑计中负极铜片的质量增量计算:

$$Q = zF \frac{\Delta W_{Cu}}{\frac{1}{2}M_{Cu}} \tag{13-5}$$

式中: $z = 1$; F 为法拉第常数; ΔW_{Cu} 为负极铜片的质量增量,单位为 g; M_{Cu} 为铜的摩尔质量,单位为 g/mol。

(2) 按通过的电流和通电时间计算:

$$Q = It \tag{13-6}$$

式中: I 为电解时通过的电流,单位为 A; t 为电解时的通电时间,单位为 s。

2. 计算电解前后各区溶液中 $CuSO_4$ 的浓度。

(1) 电解前后各区溶液中 $CuSO_4$ 的浓度:

$$c_{CuSO_4} = c_{Na_2S_2O_3} \cdot \frac{V_{Na_2S_2O_3}}{V_{CuSO_4}} \tag{13-7}$$

(2) 电解前后各区溶液中 $CuSO_4$ 的物质的量:

$$n_{CuSO_4} = c_{CuSO_4} \cdot V_{CuSO_4} \tag{13-8}$$

本实验使用 $CuSO_4$ 稀溶液,故各区溶液的比重均近似取 1,即 $V_{CuSO_4} \approx W_{CuSO_4}$ (数值上)。

3. 计算 Cu^{2+} 和 SO_4^{2-} 的离子迁移数。

(1) 电解时法拉第数:

$$X = \frac{2\Delta W_{Cu}}{M_{Cu}} \quad \text{或} \quad X = \frac{It}{F} \tag{13-9}$$

(2) Cu^{2+} 的离子迁移数:

① 根据阴极区 Cu^{2+} 浓度的减小量计算:

$$t_{Cu^{2+}} = \frac{X-Y}{X} = \frac{X - 2V_{CuSO_4}(c_{CuSO_4} - c'_{CuSO_4})}{X} \tag{13-10}$$

式中: Y 为阴极区实际减少的 Cu^{2+} 的物质的量; c_{CuSO_4} 为电解前 $CuSO_4$ 的浓度;

c'_{CuSO_4} 为电解后阴极区 $CuSO_4$ 的浓度；V_{CuSO_4} 为阴极区溶液的体积。

②根据阳极区 Cu^{2+} 浓度的增大量计算：

$$t'_{Cu^{2+}} = \frac{X - 2V'_{CuSO_4}(c''_{CuSO_4} - c_{CuSO_4})}{X} \tag{13-11}$$

式中：c_{CuSO_4} 为电解前 $CuSO_4$ 的浓度；c''_{CuSO_4} 为电解后阳极区 $CuSO_4$ 的浓度；V'_{CuSO_4} 为阳极区溶液的体积。

(3) SO_4^{2-} 的离子迁移数：

$$t_{SO_4^{2-}} = 1 - t_{Cu^{2+}} \tag{13-12}$$

六、思考题

1. 比较按铜库仑计中负极铜片的质量增量和按通过的电流、通电时间计算的通过电解池的总电量，分析两种计算方法产生误差的原因。

2. 通电结束后，以何种顺序从电解池中放出各区溶液最为合理？

3. 影响本实验结果准确性的主要因素有哪些？

七、实验探究与拓展

1. 设计实验，研究 Cu^{2+} 的迁移数与所选用的电极极板之间的关系（如选用不参与电极反应的惰性电极 Pt，或直接参与电极反应的活泼电极 Cu）。

2. 查阅文献，探究测定离子迁移数的其他方法。

实验 14　原电池电动势的测定

一、实验目的

1. 了解可逆电池、可逆电极、盐桥等概念。
2. 学会 Cu、Zn 电极的制备和处理方法,掌握电位差计的原理和操作方法。
3. 测定 Cu-Zn 电池的电动势和 Cu、Zn 电极的电极电势。

二、实验原理

(一)电极电势和电动势

电极电势绝对值至今无法测定。1953 年,国际纯粹与应用化学联合会建议,以标准氢电极作为标准,并人为规定标准氢电极的电极电势为零。通过将标准氢电极和待测电极在标准状态下组成电池,测得该电池的电动势,利用直流电压表确定电池的正负极,即可根据 $E = \varphi_+ - \varphi_-$,计算各种电极的标准电极电势的相对数值。

实际应用中,常选用一些电极电势较稳定的电极(如饱和甘汞电极、银-氯化银电极)作为参比电极,和其他待测电极构成电池,求得待测电极的电极电势。

影响电极电势的因素有离子的浓度、溶液的酸碱性、沉淀剂和络合剂等。非标准状态下的电极电势可由能斯特方程计算得到。

若某电极反应为 $Ox + ze^- \longrightarrow Red$,则

$$\varphi = \varphi^\ominus + \frac{RT}{zF} \ln \frac{a_{Ox}}{a_{Red}} \tag{14-1}$$

式中:$\varphi^\ominus$ 是标准电极电势;φ 是非标准状态下的电极电势;z 为电极反应中得失电子的物质的量;F 为法拉第常数,$F = 96\,500$ C/mol;T 为热力学温度;R 为摩尔气体常数。一般来说,研究体系通常为稀溶液,离子强度影响不大,式中活度 a 可用浓度代替。

将两个电极连接在一起,并将盐桥插入不同溶液中,即组成原电池。此时,若两个电极的电极电势不同,则外电路中将有电流产生,电极电势的差值即电池的电动势。标准条件下测得的两个标准电极电势的差值称为标准电动势,用 $E^\ominus$ 表示;相应地,非标准条件下测得的为非标准电极电势,用 E 表示。下面以 Cu-Zn 电池为例进行分析。

电池符号:$(-)\mathrm{Zn} \mid \mathrm{Zn}^{2+}(c_1) \parallel \mathrm{Cu}^{2+}(c_2) \mid \mathrm{Cu}(+)$

负极反应:$\mathrm{Zn} \longrightarrow \mathrm{Zn}^{2+} + 2e^-$

正极反应：$Cu^{2+}+2e^- \longrightarrow Cu$

电池反应：$Cu^{2+}+Zn \Longrightarrow Zn^{2+}+Cu$

$$E^{\ominus}=\varphi_+^{\ominus}-\varphi_-^{\ominus} \tag{14-2}$$

$$E=\varphi_+-\varphi_- \tag{14-3}$$

$$\varphi_+=\varphi_+^{\ominus}+\frac{RT}{2F}\ln c_{Cu^{2+}} \tag{14-4}$$

$$\varphi_-=\varphi_-^{\ominus}+\frac{RT}{2F}\ln c_{Zn^{2+}} \tag{14-5}$$

$$E=E^{\ominus}-\frac{RT}{2F}\ln \frac{c_{Zn^{2+}}}{c_{Cu^{2+}}} \tag{14-6}$$

（二）电动势的测定原理

由化学热力学可知，电池电动势表示恒温、恒压、可逆条件下电极电势的差值。所以，测定电池电动势时，首先要求电池是可逆电池。可逆电池应满足如下条件：

① 充放电时电池反应可逆，电极反应可逆。

② 电池中不允许存在任何不可逆的液接界面。

③ 电池必须在可逆的情况下工作，即充放电过程必须在平衡状态下进行，亦即允许通过电池的电流无限小。

因此，在制备可逆电池、测定可逆电池的电动势时应符合上述条件。在对精确度要求不高的测量中，常用正负离子迁移数接近的盐类构成盐桥，使液接电势降低到可忽略的程度（真正消除液接电势的方法如反接原电池），常用的盐桥电解质有 KCl、KNO_3、NH_4NO_3 等。

（三）对消法测量可逆电池电动势的原理

测量电池电动势必须在可逆条件下进行，即测定时要保证电路回路上的电流无限小，因此，可采用对消法（又名补偿法）测定电动势。其原理是在电池的外电路上加一个方向相反的电压（图 14-1），当其大小与电池电动势相等时，通过电路的电流为零（通过检流计指示）。

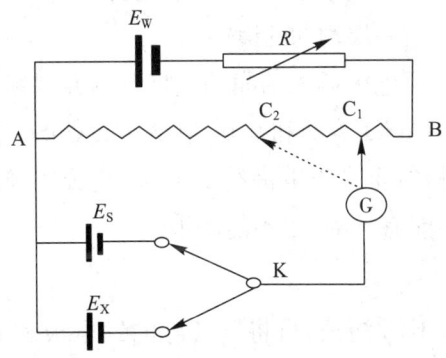

图 14-1　对消法测量可逆电池电动势的电路示意图

三、实验仪器与试剂

(一)实验仪器

ZD-WC 数字式电子电位差计、铜电极、锌电极、烧杯(50 mL)、洗耳球等。

(二)实验试剂

$ZnSO_4$ 溶液(0.1000 mol/L)、$CuSO_4$ 溶液(0.1000 mol/L、0.0100 mol/L)、饱和 KCl 溶液、H_2SO_4 溶液(6.0 mol/L)、HNO_3 溶液(6.0 mol/L)、饱和 $Hg_2(NO_3)_2$ 溶液、蒸馏水等。

四、实验步骤

实验操作演示

(一)电极制备

1. 锌电极(1只)。

(1)将锌电极置于 6.0 mol/L H_2SO_4 溶液中浸泡片刻,除去表面的氧化层,取出后用水洗涤,再用蒸馏水淋洗。

(2)将锌电极置于饱和 $Hg_2(NO_3)_2$ 溶液中浸泡 3~5 s,使电极表面形成一层光亮均匀的锌汞齐,用蒸馏水淋洗后用滤纸擦拭(汞有毒,用过的滤纸应投入指定的广口瓶中,瓶中应有水),然后插入 0.1000 mol/L $ZnSO_4$ 溶液中待用。

(3)将汞齐化的锌电极插入洁净的电极管内并塞紧,将电极管的虹吸管口浸入 0.1000 mol/L $ZnSO_4$ 溶液中,用洗耳球自支管吸气,将溶液吸入电极管至高出电极约 1 cm,停止吸气,旋紧螺旋夹。电极的虹吸管口内(包括管口)不能有气泡,也不能漏液。

2. 铜电极(2只)。

(1)将铜电极置于 6.0 mol/L HNO_3 溶液中浸泡片刻,取出后用水洗涤,再用蒸馏水淋洗。

(2)将铜电极置于 $CuSO_4$ 电镀槽中电镀,电流密度以 20~40 mA/cm^2 为宜。电镀 30 min,铜电极表面形成一层均匀的镀铜。

(3)将 2 只镀铜后的铜电极插入洁净的电极管内并塞紧,将电极管的虹吸管口分别浸入 0.1000 mol/L $CuSO_4$ 溶液和 0.0100 mol/L $CuSO_4$ 溶液中,用洗耳球自支管吸气,将溶液吸入电极管至高出电极约 1 cm,停止吸气,旋紧螺旋夹。电极的虹吸管口内(包括管口)不能有气泡,也不能漏液。

(二)电池组合

向烧杯中加入饱和 KCl 溶液,再将制备好的锌电极和铜电极置于烧杯内,即构成下列电池(图 14-2)。

(一)Zn(s)|ZnSO$_4$(0.1000 mol/L) ‖ CuSO$_4$(0.1000 mol/L)|Cu(s)(+)

同法组成下列电池：

(一)Cu(s)|CuSO$_4$(0.0100 mol/L) ‖ CuSO$_4$(0.1000 mol/L)|Cu(s)(+)

(一)Zn(s)|ZnSO$_4$(0.1000 mol/L) ‖ KCl(饱和)|Hg$_2$Cl$_2$(s)|Hg(l)(+)

(一)Hg(l)|Hg$_2$Cl$_2$(s)|KCl(饱和) ‖ CuSO$_4$(0.1000 mol/L)|Cu(s)(+)

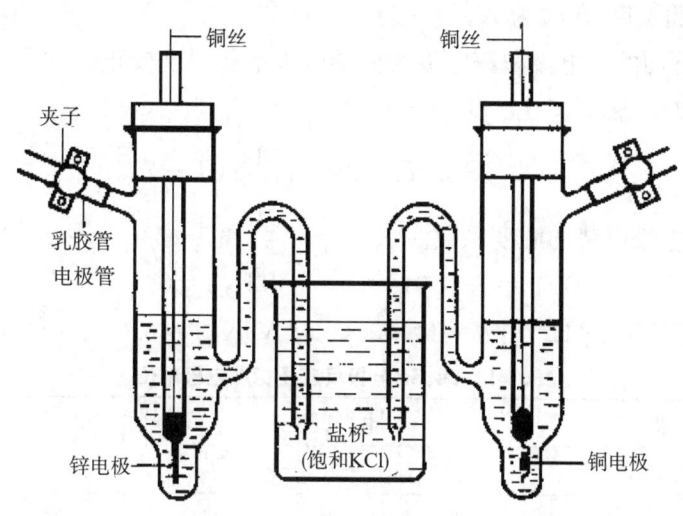

图 14-2　Cu-Zn 电池示意图

(三)电动势测定

校正电位差计后，分别将电池的正负极与电位差计的正负极接线柱连接，功能旋钮旋至"测量"挡，依次测量 4 个电池的电动势。每个电池测量 3 次，且 2 次测量间隔 3 min 以上。若连续几次测定的数据不是朝一个方向变动，或 15 min 内变动小于 0.5 mV，则可以认为其电动势是稳定的，取最后 3 次连续测定值的平均值作为该电池的电动势。

五、注意事项

1. 电极应洗干净，否则会因内部存在的微小电势而抵消一部分电势差，影响实验结果。

2. 汞齐化能消除金属表面机械应力不同造成的影响，使该电极具有稳定的电极电势。

3. 实验前，应先检查电极管是否漏气；装液前，需要用少量电解质溶液淋洗电极管，以确保浓度的准确性。

4. 实验结束后，应将电极管内的溶液倒掉，并将电极管洗净，以防止腐蚀电极。

六、数据记录与处理

1. 根据饱和甘汞电极(saturated calomel electrode, SCE)的电极电势温度校正公式,计算实验温度下饱和甘汞电极的电极电势(单位为 V):

$$\varphi_{SCE} = 0.2415 - 7.61 \times 10^{-4} \times (T - 298) \quad (14\text{-}7)$$

式中 T 为实验温度,单位为 K。

2. 根据下面的铜电极和锌电极的标准电极电势温度校正公式,计算实验温度下的标准电极电势 $\varphi_T^{\ominus}$,填入表 14-1。

$$\varphi_T^{\ominus} = \varphi_{298}^{\ominus} + \alpha(T-298) + \frac{1}{2}\beta(T-298)^2 \quad (14\text{-}8)$$

式中 α、β 为电极电势的温度系数。

铜电极($Cu^{2+}|Cu$):$\alpha = -0.016 \times 10^{-3}$ V/K,$\beta = 0$。

锌电极$[Zn^{2+}|Zn(Hg)]$:$\alpha = 0.100 \times 10^{-3}$ V/K,$\beta = 0.62 \times 10^{-6}$ V/K²。

表 14-1 Cu、Zn 电极反应及标准电极电位

电极	电极反应式	$\varphi_{298}^{\ominus}$/V	$\varphi_T^{\ominus}$/V
Cu^{2+},Cu	$Cu^{2+} + 2e^- =\!=\!= Cu$	0.3419	
Zn^{2+},Zn(Hg)	$Hg + Zn^{2+} + 2e^- =\!=\!= Zn(Hg)$	-0.7627	
Cl^-,$Hg_2Cl_2(s)$,Hg(l)	$Hg_2Cl_2(s) + 2e^- =\!=\!= 2Hg(l) + 2Cl^-$	0.2415	

3. 根据测定的各电池的电动势数据,计算 4 个电池的平均电动势,填入表 14-2。

表 14-2 电池电动势数据记录及处理

室温=_____K   大气压=_____Pa

电动势/V	第1次	第2次	第3次	平均值
电池 E_1				
电池 E_2				
电池 E_3				
电池 E_4				

4. 根据式(14-4)和式(14-5)计算 Cu-Zn 电池的理论电动势,并与实验值进行比较,计算误差。

表 14-3 电池电动势的测定值与理论值

项目	测定值/V	理论值/V	绝对误差/V	相对误差/%
电池 E_1				
电池 E_2				
电池 E_3				
电池 E_4				

七、思考题

1. 对消法测电动势的基本原理是什么？为什么电压表不能准确测定电池的电动势？
2. 盐桥有什么作用？盐桥的选用应遵循什么原则？
3. 参比电极应具备什么条件？有什么作用？
4. 用测电动势的方法求热力学函数有何优越性？

八、分析与讨论

1. 电池电动势的测定有非常广泛的应用。例如，平衡常数、解离常数、络合物稳定常数、难溶盐的溶解度、两状态间热力学函数的改变、溶液中的离子活度、活度系数、离子迁移数、溶液的 pH 等均可以通过测定电动势的方法求得。在分析化学中，电位滴定法也是基于电动势测定的方法。

2. 韦斯顿标准电池(图 14-3)具有高度可逆性，能长时间保持电动势稳定，且温度系数很小，其组成如下：

$$Cd(Hg)|CdSO_4 \cdot \frac{8}{3}H_2O(s)|CdSO_4(饱和)|Hg_2SO_4(s)|Hg(l)$$

正极反应：$Hg_2SO_4(s)+2e^- \longrightarrow SO_4^{2-}+2Hg(l)$

负极反应：$Cd(Hg)+SO_4^{2-}+\frac{8}{3}H_2O(l) \longrightarrow CdSO_4 \cdot \frac{8}{3}H_2O(s)+2e^-+Hg(l)$

电池反应：$Cd(Hg)+Hg_2SO_4(s)+\frac{8}{3}H_2O(l) \Longleftrightarrow 3Hg(l)+CdSO_4 \cdot \frac{8}{3}H_2O(s)$

20 ℃时韦斯顿电池的电动势是 1.01860 V，其他温度下的电动势(单位为 V)可按下式计算：

$$E_N = 1.01860 - 4.06 \times 10^{-5}(t-20) - 9.5 \times 10^{-7}(t-20)^2 \quad (14-9)$$

式中 t 为实验温度，单位为℃。

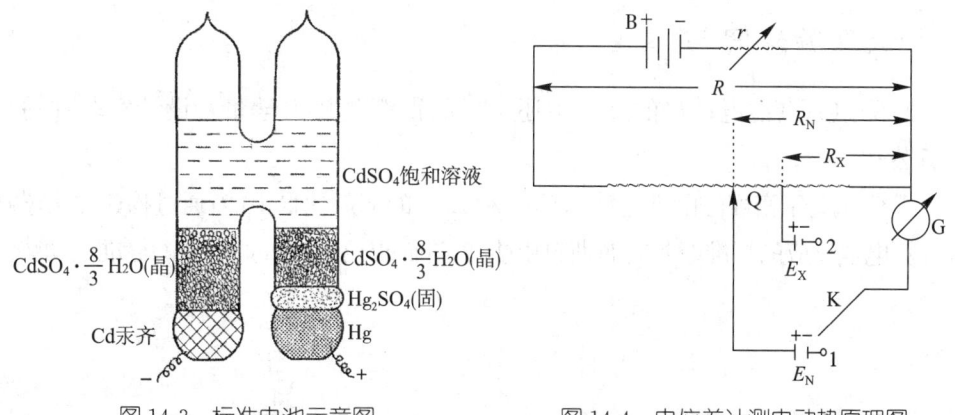

图 14-3　标准电池示意图　　图 14-4　电位差计测电动势原理图

3. 电位差计测定原理。电位差计是一种按照对消法测定原理设计的平衡式电压测定仪器,几乎不损失被测对象的能量,且具有很高的精度。电位差计可与标准电池电动势、检流计配合使用,是电压测定中最基本的测试设备,其原理如图 14-4 所示。图中,E_N 是标准电池电动势,E_X 是被测电池电动势,G 是检流计,R_N 是标准电池电动势的补偿电阻,R_X 是被测电池电动势的补偿电阻,r 是工作电流调节电阻,B 是工作电源,K 是转换开关。

将 K 打到位置 1,然后调节 r 使检流计指零,这时可得

$$E_N = IR_N \tag{14-10}$$

式中 I 是流过 R_N 和 R 的电流,称为工作电流。由式(14-10)得

$$I = \frac{E_N}{R_N} \tag{14-11}$$

工作电流调节好后,将 K 打到位置 2,同时移动滑动触头 Q,再次使检流计指零。此时,滑动触头 Q 所在位置对应的电阻值为 R_X,可得

$$E_X = IR_X \tag{14-12}$$

联立式(14-11)和式(14-12),可得

$$E_X = \frac{R_X}{R_N} E_N \tag{14-13}$$

E_X 值可在电位差计上准确读出。

从式(14-12)可看出,用电位差计测定电动势有以下优点:

① 不需要测定线路中电流的大小,只需要测定 R_X 与 R_N 的比值。

② 当完全补偿时,测定回路与被测回路之间无电流流过,避免了对被测电路的损耗。

③ 测定的准确性取决于标准电池电动势 E_N 及 R_X 与 R_N 的比值的准确性和工作电流稳定性。由于补偿电阻 R_X、R_N 的精度和稳定性都比较高,再加上使用高灵敏度检流计,因此,测定结果极为准确。

九、实验探究与拓展

1. 测定原电池电动势的过程中还可以测得哪些热力学量?设计实验并写出计算公式。

2. 尝试基于密度泛函理论计算 Cu^{2+} 和 Zn^{2+} 的溶剂化自由能,通过构建热力学循环计算电池反应的标准摩尔吉布斯自由能变,进而求出 Cu-Zn 原电池的标准电动势。

实验 15　电导法测定弱电解质的电离度和电离平衡常数

一、实验目的

1. 掌握电导、电导率、摩尔电导率的概念以及它们之间的关系。
2. 掌握溶液电导率的测定原理和方法。
3. 掌握电导法测定弱电解质电离平衡常数的原理。

二、实验原理

(一) 电导、电导率、摩尔电导率和极限摩尔电导率

物体的导电能力通常用电阻 R 来表示,而对于电解质溶液,其导电能力则用电阻的倒数即电导 G 来表示,$G=1/R$,单位为 S。

电导率为电阻率的倒数,用 κ 表示,单位为 S/m,是指单位长度(1 m)、单位截面积($1\ m^2$)电解质溶液的电导。

摩尔电导率是指把含有 1 mol 电解质的溶液全部置于相距 1 m 的两个电极之间时所具有的电导。摩尔电导率与电导率之间的关系为 $\Lambda_m = \kappa/c$,此处浓度 c 的单位为 mol/m^3。

在电导池中,电导大小与两极之间的距离 l 成反比,与电极的面积 A 成正比,即 $G=\kappa A/l$,所以,$\kappa=Gl/A$。

对于固定的电导池,l 和 A 是定值,故 l/A 为常数,用 K_{cell} 表示,称为电导池常数,单位为 m^{-1}。通常将已知电导率 κ 的电解质溶液(一般用 KCl 溶液)注入电导池,然后测定其电导 G,即可由式 $\kappa=Gl/A=GK_{cell}$ 算出电导池常数 K_{cell}。

电导池常数 K_{cell} 确定后,就可用该电导池测定某一浓度的弱电解质(如 HAc)溶液的电导,再根据 $\kappa=Gl/A=GK_{cell}$ 算出 κ。将 c 和 κ 代入式 $\Lambda_m=\kappa/c$,即可算出该浓度下溶液的摩尔电导率。

极限摩尔电导率是指无限稀释电解质溶液的摩尔电导率,用符号 Λ_m^∞ 表示。对于强电解质溶液,摩尔电导率与浓度符合科尔劳施经验式:

$$\Lambda_m = \Lambda_m^\infty (1-\beta\sqrt{c}) \tag{15-1}$$

式中 β 是与温度有关的常数。因此,对于强电解质,可通过测定其在不同浓度下的摩尔电导率,用摩尔电导率对 $\sqrt{c}$ 作图,外推至 $c \to 0$ 得到其极限摩尔电导率。但是,对于弱电解质溶液,Λ_∞ 和 c 不符合式(15-1)。要求得弱电解质 M_xN_y 的极限摩尔电导率,可利用离子独立运动定律:

$$\Lambda_m^\infty = x\lambda_{m,+}^\infty + y\lambda_{m,-}^\infty \tag{15-2}$$

弱电解质 HAc 的 Λ_m^∞ 也可由强电解质 HCl、NaAc 和 NaCl 的 Λ_m^∞ 的代数和求得：

$$\Lambda_m^\infty(\text{HAc}) = \Lambda_m^\infty(\text{HCl}) + \Lambda_m^\infty(\text{NaAc}) - \Lambda_m^\infty(\text{NaCl}) \tag{15-3}$$

不同温度下 HAc 的极限摩尔电导率见表 15-1。

表 15-1 不同温度下乙酸的极限摩尔电导率

T/K	298.2	303.2	308.2	313.2
$\Lambda_m^\infty/(\times 10^2 \text{ S} \cdot \text{m}^2/\text{mol})$	3.908	4.198	4.489	4.779

（二）弱电解质电离常数的测定

弱电解质电离常数的测定方法有多种，本实验是通过测定不同浓度 HAc 溶液的电导率来确定电离平衡常数的。HAc 是一元弱酸，在溶液中达电离平衡时，电离平衡常数 $K_c^\ominus$ 与浓度 c、电离度 α 之间的关系为

$$\text{HAc} \Longleftrightarrow \text{H}^+ + \text{Ac}^-$$

平衡时　　　　　　$c(1-\alpha)$　　　$c\alpha$　　　$c\alpha$

$$K_c^\ominus = \frac{\left(\dfrac{c\alpha}{c^\ominus}\right)^2}{\dfrac{c(1-\alpha)}{c^\ominus}} = \frac{c\alpha^2}{c^\ominus(1-\alpha)} \tag{15-4}$$

式中 $c^\ominus$ 为标准体积摩尔浓度。当温度一定时，$K_c^\ominus$ 一般为常数。确定 c 后，可通过测定 α 求得 $K_c^\ominus$。

在弱电解质溶液中，只有已经电离的部分能承担传递电量的任务。在无限稀释的溶液中，可以认为弱电解质已全部电离，此时溶液的摩尔电导率为 Λ_m^∞，可以用离子的极限摩尔电导率相加求得。而一定浓度下电解质的摩尔电导率 Λ_m 与无限稀释溶液的摩尔电导率 Λ_m^∞ 是有区别的，因为电解质不完全离解，且离子间存在相互作用力。两者之间有如下近似关系：

$$\alpha = \frac{\Lambda_m}{\Lambda_m^\infty} \tag{15-5}$$

即电离度 α 等于浓度为 c 时的摩尔电导率与溶液无限稀释时的摩尔电导率之比。

将式(15-5)代入式(15-4)，得

$$K_c^\ominus = \frac{c\Lambda_m^2}{\Lambda_m^\infty(\Lambda_m^\infty - \Lambda_m)} \tag{15-6}$$

整理，得

$$c\Lambda_m = K_c^\ominus(\Lambda_m^\infty)^2 \frac{1}{\Lambda_m} - K_c^\ominus \Lambda_m^\infty \quad \text{或} \quad \frac{1}{\Lambda_m} = \frac{1}{K_c^\ominus(\Lambda_m^\infty)^2}c\Lambda_m + \frac{1}{\Lambda_m^\infty} \tag{15-7}$$

由上式可知，测定系列不同浓度弱电解质溶液的摩尔电导率 Λ_m 后，用 $c\Lambda_m$ 对 $1/\Lambda_m$ 作图可得一条直线，由直线斜率和截距可得到弱电解质的电离平衡常数 $K_c^\ominus$ 的平均值和极限摩尔电导率 Λ_m^∞。

三、实验仪器与试剂

(一)实验仪器

DDS-11A 型电导率仪、铂黑电极、磁力搅拌器、恒温槽、移液管(25 mL)、碱式滴定管(25 mL)、烧杯(100 mL)、锥形瓶(250 mL)等。

(二)实验试剂

NaOH 标准溶液(0.10 mol/L)、HAc 溶液(0.20 mol/L,实验时须标定)、KCl 溶液(0.01 mol/L)、电导水等。

四、实验步骤

实验操作演示

1. 处理电极。接好 DDS-11A 型电导率仪测定线路,先将铂黑电极浸泡于电导水中(数分钟),取出后用电导水淋洗,用滤纸吸干电极上的水(勿直接接触电极)。

2. 将恒温槽温度调至(25.00±0.02) ℃。

3. 测定电导池常数 K_{cell}。倾去电导池中的电导水,用少量 0.01 mol/L KCl 溶液洗涤电导池和铂黑电极 2~3 次,装入 0.01 mol/L KCl 溶液(25 ℃时,0.01 mol/L KCl 溶液的电导率为 0.140 877 S/m)。恒温后,用电导率仪测其电导率。

4. 测定电导水的电导率。倾去电导池中的 KCl 溶液,用电导水洗净电导池和铂黑电极,然后注入电导水,恒温后测其电导率,重复测定 3 次。

5. 标定 HAc 溶液浓度。可以选用如下方法:

(1)电导滴定法。用 25 mL 移液管移取 HAc 溶液,置于锥形瓶中,并将锥形瓶置于磁力搅拌器上,用 NaOH 标准溶液滴定,同时测定溶液的电导率,然后作图计算 HAc 溶液的浓度。

(2)酸碱滴定法。用移液管准确移取 25 mL HAc 溶液(V_1),置于锥形瓶中,加入 1 滴酚酞指示剂,用 NaOH 标准溶液(c_2)滴定,边滴边摇。溶液呈浅红色,且半分钟内不褪色为终点。通过滴定管读出所消耗的 NaOH 溶液的体积 V_2,根据公式 $c_1V_1 = c_2V_2$ 计算出 HAc 溶液的浓度 c_1。平行滴定 3 次,计算出 HAc 溶液浓度的平均值。

6. 测定不同浓度 HAc 溶液的电导率。用电导水洗净铂黑电极,用滤纸吸干液体后插入 25 mL 标定好的 HAc 溶液中,测定其电导率。再用标有"电导水"字样的移液管移取 25 mL 电导水,加入 HAc 溶液中,将浓度稀释至 0.1 mol/L。此时不要将电极取出。测定电导率后,用标有"0.1"字样的移液管移取 25 mL 溶液并弃去,再用标有"电导水"字样的移液管移取 25 mL 电导水,加入 HAc 溶液中,将浓度稀释至 0.05 mol/L,摇匀后测定电导率。依次测定 0.2 mol/L、0.1 mol/L、0.05 mol/L、0.025 mol/L、0.0125 mol/L HAc 溶液的电导率。

五、注意事项

温度对溶液的电导率影响较大,因此,测定时应保持恒温。

六、数据记录与处理

1. 将电导池常数测定数据填入表 15-2。

表 15-2　电导池常数 K_{cell} 测定数据

室温=_____ K　　　　大气压=_____ Pa

序号	κ/(S/m)	$\bar{\kappa}$/(S/m)	K_{cell}/m^{-1}
1			
2			
3			

2. 以溶液电导率 κ 对 V_{NaOH} 作图,并根据曲线转折点确定滴定终点,求 HAc 溶液的浓度,并将数据填入表 15-3。

表 15-3　HAc 浓度的电导滴定数据

测定项目	1	2	...
V_{NaOH}/mL			
κ/(S/m)			
c_{HAc}/(mol/L)			

3. 用酸碱滴定法测 HAc 溶液的浓度,并将数据填入表 15-4。

表 15-4　HAc 浓度的酸碱滴定数据

测定项目	1	2	...
V_{NaOH}/mL			
c_{HAc}/(mol/L)			

4. 将不同浓度 HAc 溶液的电导率填入表 15-5,以 $c\Lambda_m$ 对 $1/\Lambda_m$ 作图,并根据直线斜率和截距求 $K_c^\ominus$、Λ_m^∞ 和 α。

表 15-5　不同浓度 HAc 溶液的电导率和摩尔电导率

测定项目	1	2	...
c/(mol/L)			
κ/(S/m)			
Λ_m/(S·m^2/mol)			

七、思考题

1. 能否用测定几何尺寸的方法确定电导池常数?
2. 实际操作过程中,电导池常数发生改变对平衡常数测定有何影响?
3. HAc 的电离度和电离平衡常数是否受其浓度变化的影响?

八、分析与讨论

用 pH 计测定 pH 的方法也可以用来测定 HAc 的电离度和电离平衡常数,其基本原理如下:

HAc 是一元弱酸,在溶液中存在电离平衡。
$$HAc(aq) + H_2O(l) \rightleftharpoons H_3O^+(aq) + Ac^-(aq)$$
若忽略水的电离,则其电离常数为

$$K_c = \frac{c_{H_3O^+} \cdot c_{Ac^-}}{c_{HAc}} \approx \frac{c_{H_3O^+}^2}{c_{HAc}} \tag{15-8}$$

首先,一元弱酸的浓度是已知的;其次,在一定温度下,通过测定弱酸的 pH,由 $pH = -\lg c_{H_3O^+}$ 可计算出 $c_{H_3O^+}$。对于一元弱酸,当 $c_{HAc}/K_c \geqslant 500$ 时,存在下列关系式:

$$\alpha = \frac{c_{H_3O^+}}{c_{HAc}} \tag{15-9}$$

$$K_c = c_{HAc}\alpha^2 \tag{15-10}$$

由此可计算出 HAc 在不同浓度时的解离度 α 和 HAc 的电离平衡常数 $K_c^{\ominus}$。

九、实验探究与拓展

查阅文献,设计以下实验:①电导法测定水溶液中尼龙-66 盐含量;②电导滴定法测定聚丙烯酰胺水解度;③电导滴定法测定聚丙烯酸酯乳液中的羧基分布;④电导滴定法测定壳聚糖脱乙酰度;⑤电导滴定法测定 N-十二烷基壳聚糖取代度;⑥电导法测定雀舌黄杨和大叶黄杨的耐寒性;⑦电导法测定小麦种子活力;⑧电导法测定水溶液中 NaBr 与 KBr 的活度系数。

实验16 离子选择性电极法测定饮用水及饲料中的游离氟

一、实验目的

1. 掌握离子选择性电极法测定氟离子浓度的原理和方法。
2. 掌握酸度计测量电动势的操作方法。
3. 了解总离子强度调节缓冲液的意义和作用。

二、实验原理

氟是自然界分布较广的元素,动植物组织中都有微量的氟存在,氟的主要来源为饮用水和食物。人体摄入适量的氟,有利于牙齿健康,但摄入过多,则对人体产生危害,轻则造成氟斑牙,重则造成氟骨症。

通常可以用氟离子选择性电极作指示电极,与饱和甘汞电极组成工作电池,电池电动势为

$$E = \varphi_{甘汞} - \varphi_{F^-} \tag{16-1}$$

氟电极的电极电势 φ_{F^-} 服从能斯特方程

$$\varphi_{F^-} = \varphi_{F^-}^{\ominus} - \frac{RT}{F}\ln a_{F^-} = \varphi_{F^-}^{\ominus} - \frac{RT}{F}\ln(fc_{F^-}) \tag{16-2}$$

式中:φ_{F^-} 为氟电极的电极电势;$\varphi_{F^-}^{\ominus}$ 为氟电极的标准电极电势;R 为摩尔气体常数;T 为绝对温度;F 为法拉第常数;a_{F^-} 为氟离子的活度;f 为氟离子的活度系数;c_{F^-} 为氟离子的浓度。

为确保测定过程中活度系数 f 为定值,可在待测试液中加入一定量的总离子强度调节缓冲液(total ionic strength adjustment buffer,TISAB),从而使溶液的离子强度保持不变,则式(16-2)可写成

$$\varphi_{F^-} = K - \frac{RT}{F}\ln c_{F^-} \tag{16-3}$$

将式(16-3)代入式(16-1),得

$$E = \varphi_{甘汞} - (K - \frac{RT}{F}\ln c_{F^-})$$

在一定温度下,饱和甘汞电极电势为一定值,故上式可写成

$$E = K' + \frac{RT}{F}\ln c_{F^-} \tag{16-4}$$

式中 K 和 K' 为常数。

本实验采用标准曲线法测定试液中的氟离子含量。先将氟离子选择性电极与饱和甘汞电极放入一系列不同浓度的氟离子标准溶液中(含有相同的TISAB),分别测定它们的电动势 E,并作出 E-pF 图(在一定浓度范围内呈直线)。然后将同一对电极放入待测水样(含有与标准溶液相同的 TISAB)中,测其电动势(E_X),再从 E-pF 图上找出 E_X 对应的氟离子浓度。

三、实验仪器与试剂

(一)实验仪器

pHS-2 型酸度计、氟电极、饱和甘汞电极、电磁搅拌器、移液管(10 mL、50 mL)、容量瓶(100 mL、1000 mL)、电子天平、磨口三角瓶(100 mL)、塑料烧杯等。

pHS-2 型酸度计测电动势的方法

(二)实验试剂

总离子强度调节缓冲液(TISAB):称取 60 g NaCl、59 g Na_3Cit(柠檬酸钠)、102 g NaAc 置于烧杯中,再加入 14 mL HAc,用 800 mL 去离子水溶解,用 1 mol/L NaOH 溶液调节溶液 pH 为 5.0~5.5,定容至 1000 mL,贮存于塑料瓶中。

0.100 mol/L 氟离子标准贮备液:称取 4.199 g NaF(120 ℃ 干燥 2 h,冷却至室温),用去离子水溶解,移入 1000 mL 容量瓶中定容,摇匀,贮存于塑料瓶中备用。

10^{-4} mol/L 氟离子溶液、1.0 mol/L 盐酸溶液、饮用水、饲料、去离子水等。

四、实验步骤

(一)氟电极的准备

用去离子水清洗氟电极并将其置于 10^{-4} mol/L 氟离子溶液中浸泡 0.5 h,然后用去离子水清洗至空白电势为 -300 mV 左右(在不含氟离子的去离子水中,氟电极的电势约为 -300 mV)。

(二)饮用水、饲料及其水样的准备

1. 饮用水。准确移取 50 mL 饮用水,置于 100 mL 容量瓶中,加入 10 mL TISAB,用去离子水稀释至刻度,摇匀后备用。

2. 饲料及其水样。称取 2.00 g 粉碎、过 40 目筛的饲料样品,置于 100 mL 磨口三角瓶中,加入 10 mL 1.0 mol/L 盐酸溶液,加塞密闭浸泡提取 1 h(不时轻轻摇动三角瓶),然后转移至 100 mL 容量瓶中,加入 10 mL TISAB,最后用去离子水定容,摇匀后备用。

(三)系列氟离子标准溶液的配制

移取 10 mL 0.100 mol/L 氟离子标准溶液,置于 100 mL 容量瓶中,加入 10 mL TISAB,用去离子水稀释至刻度,摇匀即得 1.00×10^{-2} mol/L 氟离子标准溶液。用类似的方法依次配制 1.00×10^{-3} mol/L、1.00×10^{-4} mol/L、1.00×10^{-5} mol/L、1.00×10^{-6} mol/L 氟离子标准溶液。

(四)氟离子标准溶液的测定

将上述配制的 5 种不同浓度的氟离子标准溶液由低浓度到高浓度依次转移至塑料烧杯中,插入氟电极和饱和甘汞电极,用电磁搅拌器搅拌 4 min,然后静置 0.5 min,读取电动势,此后每 0.5 min 记录一次读数,直至 3 min 内电动势不变。

(五)饮用水、饲料及其水样的测定

参照步骤(四)中方法,在相同条件下分别测定饮用水、饲料及其水样的电动势(E_X)。

五、注意事项

1. 在每次使用氟电极前应充分浸泡、清洗,最好做空白测定,以校正由试剂、TISAB 和溶剂引入的误差。

2. 电极长期不用时,可装盒保存,切勿长时间浸泡在高浓度的溶液或蒸馏水中,以免损坏电极。

3. 新电极初次使用前应测其响应极限,估计样品的最低检出量。

4. 电极长期使用后会发生钝化,可用牙膏或金相纸擦拭,活化其表面。

六、数据记录与处理

1. 记录系列氟离子标准溶液及待测水样的电动势。

2. 以测得的标准溶液的电动势(E)为纵坐标,以 pF 为横坐标,绘制标准曲线。

3. 计算氟离子的浓度。

(1) 饮用水。从标准曲线上查出 E_X 对应的氟离子浓度,从而换算出水样中的氟离子浓度。

(2) 饲料。饲料中的氟含量 ρ (mg/kg)按下式计算:

$$\rho = \frac{c_F V_F M_F}{m} \tag{16-5}$$

式中:c_F 为从标准曲线上查到的氟离子浓度(mol/L);V_F 为饲料水样的体积(100 mL);M_F 为氟的摩尔质量(g/mol);m 为饲料样品的质量(kg)。

七、思考题

1. TISAB 的作用是什么？

2. 饮用水和食品中的氟含量为多少时对人体健康有影响？有哪些影响？试归纳环境中氟污染的来源。

八、实验探究与拓展

1. 研究实验方法（如直接比较法、标准加入法、标准曲线法等）对实验结果的影响。

2. 探索本实验方法的具体应用，如牙膏中游离氟及可溶性氟含量的检测、深井水中氟离子浓度的测定等。

实验 17 铁的极化和钝化曲线的测定

一、实验目的

1. 了解极化曲线的意义和应用。
2. 掌握稳态恒电位法测定金属极化和钝化曲线的基本原理和方法。
3. 学会使用电化学工作站,掌握线性扫描伏安法测定极化曲线的方法。

二、实验原理

(一)极化和极化曲线

为了探索电极过程机理及影响电极过程的各种因素,必须对电极过程进行研究,其中测定极化曲线是重要方法之一。在研究可逆电池的电动势和电池反应时,电极上几乎没有电流通过,而且每个电极反应都是在接近平衡的状态下进行的,因此,电极反应是可逆的。但当有电流通过时,电极的平衡状态被破坏,电极电势偏离平衡值,电极反应处于不可逆状态,而且随着电极上电流密度的增大,电极反应的不可逆程度也增大。电流通过电极导致电极电势偏离平衡值的现象称为电极的极化,描述电流密度与电极电势之间关系的曲线称为极化曲线。

(二)铁电极的极化和钝化曲线

铁在 H_2SO_4 溶液中将不断被溶解,同时产生 H_2,即

$$Fe + 2H^+ \rightleftharpoons Fe^{2+} + H_2 \uparrow \qquad ①$$

Fe/H_2SO_4 体系是一个二重电极,即在 Fe/H^+ 界面上同时进行两个电极反应:

$$Fe \rightleftharpoons Fe^{2+} + 2e^- \qquad ②$$

$$2H^+ + 2e^- \rightleftharpoons H_2 \uparrow \qquad ③$$

反应②③称为共轭反应。正是由于反应③存在,反应②才能不断进行,这就是铁在酸性介质中被腐蚀的主要原因。当电极不与外电路接通时,其净电流 $i_{总}$ 为零。在稳定状态下,铁溶解的阳极电流 i_{Fe} 和 H^+ 还原出 H_2 的阴极电流 i_H 在数值上相等但符号相反,即

$$i_{总} = i_{Fe} + i_H = 0 \qquad (17\text{-}1)$$

i_{Fe} 的大小反映铁在含 H^+ 溶液中的溶解速率,而维持 i_{Fe} 和 i_H 数值相等的电势称为 Fe/H^+ 体系的自腐蚀电势 ε_{corr}。

图 17-1 是铁在含 H^+ 溶液中的极化曲线。当对电极进行阳极极化,即施加更大的正电势时,反应③被抑制,反应②加快。此时,电化学过程以铁的溶解为主。

通过测定对应的极化电势和极化电流,可得到 Fe/H^+ 体系的阳极极化曲线 abr。由于反应②受迁移步骤控制,因此,符合塔菲尔关系,即

$$\eta_{Fe} = a_{Fe} + b_{Fe}\lg[i_{Fe}] \tag{17-2}$$

以 $\lg[i_{Fe}]$ 对 η_{Fe} 作图可得一条直线,其斜率为 b_{Fe}。

当对电极进行阴极极化,即施加更大的负电势时,反应②被抑制,电化学过程以反应③为主。同理,可获得阴极极化曲线 cdr。由于 H^+ 在铁电极上还原出 H_2 的过程也受迁移步骤控制,阴极极化曲线也符合塔菲尔关系,即

$$\eta_H = a_H + b_H\lg[i_H] \tag{17-3}$$

延长阳极极化曲线 abr 的直线部分 ab 和阴极极化曲线 cdr 的直线部分 cd,理论上应交于一点 z。z 点的纵坐标就是腐蚀电流 i_{corr} 的对数,而 z 点的横坐标则表示自腐蚀电势 ε_{corr} 的大小。

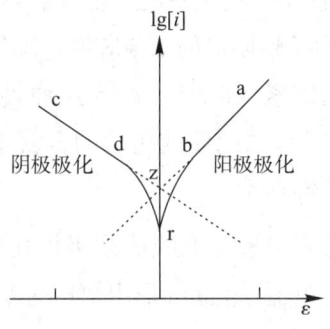

图 17-1 铁的极化曲线

当阳极极化进一步加强时,铁的溶解进一步加快,极化电流迅速增大。当极化电势超过 ε_p 时,i_{Fe} 很快下降(到达 d 点),如图 17-2 所示。此后,虽然不断增大极化电势,但 i_{Fe} 一直维持在一个很小的数值,如 de 段所示。直到极化电势超过 1.6 V,i_{Fe} 才重新开始增大,如 ef 段所示。此时,铁电极上开始析出氧。从 a 点到 b 点的区域称为活化区,c 点是临界钝化点,从 c 点到 d 点的区域称为过渡钝化区,从 d 点到 e 点的区域称为稳定钝化区,从 e 点到 f 点的区域称为超钝化区。ε_p 称为钝化电势,i_p 称为钝化电流。

对于铁的钝化现象,可作如下解释:图 17-2 中 ab 段是铁的正常溶解曲线,此时铁处在活化状态。bc 段出现极限电流是由于铁的大量快速溶解。当进一步极化时,Fe^{2+} 与溶液中 SO_4^{2-} 形成 $FeSO_4$ 沉淀层,阻滞了阳极反应。由于 H^+ 不易到达 $FeSO_4$ 沉淀层内部,使铁表面的 pH 增大;电势超过 0.6 V 后,Fe_2O_3 开始在铁的表面生成,形成致密的氧化膜,极大地阻滞了铁的溶解,因而出现钝化现象。由于 Fe_2O_3 能够在高电势范围内稳定存在,因此,铁能保持钝化状态,直到电势显著高于 O_2/H_2O 体系的平衡电势(1.23 V),达到约 1.6 V 时,才开始产生氧气,此后电流重新增大。

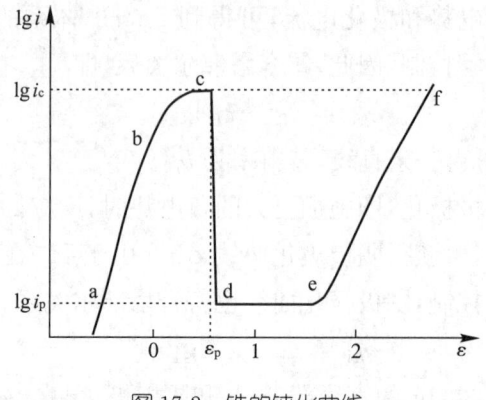

图 17-2 铁的钝化曲线

金属钝化现象在实际生产生活中有很多应用。金属处于钝化状态,对防止金属腐蚀和在电解过程中保护不溶性阳极极为重要。而在某些情况下,钝化现象却十分有害,如化学电源、电镀等涉及可溶性阳极的场合应尽量避免阳极钝化。

凡能破坏金属保护层的因素,如加热、通入还原性气体、阴极极化、加入某些活性离子(如 Cl^-)、改变 pH 等,都能使钝化后的金属重新活化,或防止金属钝化。

(三) 极化和钝化曲线的测定

对 Fe/H_2SO_4 体系进行阴极极化曲线或阳极极化(在不出现钝化现象的情况下)曲线的测定,既可采用恒电流法,也可采用恒电位法,所得到的结果是一致的。但如果需要测定钝化曲线,必须采用恒电位法。若采用恒电流法,则只能得到图 17-2 中 abcd 段,无法获得完整的钝化曲线。

恒电位法和恒电流法的简单线路如图 17-3 所示。

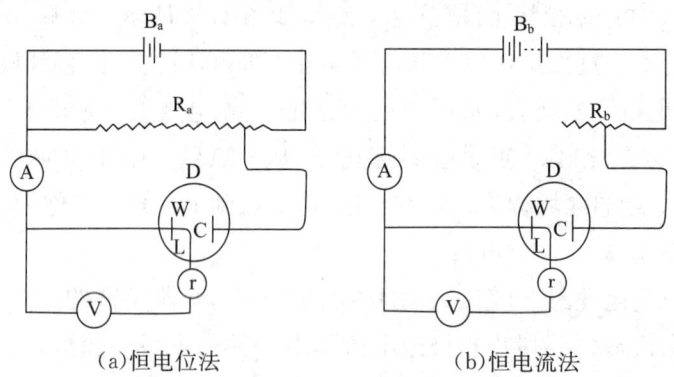

(a) 恒电位法　　　　　　　　(b) 恒电流法

B_a—低压稳压电源;B_b—稳压电源;R_a—低电阻;R_b—高电阻;A—精密电流表;
V—高阻抗毫伏计;L—鲁金毛细管;W—工作电极;C—辅助电极;r—参比电极。

图 17-3 恒电位法和恒电流法线路图

三、实验仪器与试剂

（一）实验仪器

电化学工作站、三室电解池、铂电极、带盐桥的饱和甘汞电极、工作电极（铁）、Al_2O_3 抛光粉（1.0 μm、0.3 μm、0.05 μm）、抛光垫等。

（二）实验试剂

H_2SO_4 溶液（1 mol/L）、邻苯二甲酸氢钾缓冲溶液（pH=4.00）、混合磷酸盐缓冲溶液（pH=6.86）、四硼酸钠缓冲溶液（pH=9.18）、蒸馏水等。

四、实验步骤

（一）电极处理

先后用 1.0 μm、0.3 μm、0.05 μm 的 Al_2O_3 抛光粉抛光工作电极或用砂纸打磨工作电极，然后用蒸馏水冲洗干净。

实验操作演示

（二）线性扫描伏安法测定铁的极化和钝化曲线

1. 在工作站中选择线性扫描伏安法，设置电位范围为 -0.6~1.9 V，扫描速率为 0.025 V/s，扫描间隙为 0.002 V，可由仪器自动获得整条极化曲线。
2. 按顺序依次测定铁电极在四组溶液中的极化和钝化曲线。
3. 测试完成后，将仪器复原，清洗电极，记录室温。

五、注意事项

1. 工作电极须打磨。
2. 实验过程中注意选择合适的灵敏度。灵敏度过高或过低，都无法显示正常的实验曲线图。
3. 溶液中不能引入干扰离子。

六、数据记录与处理

根据仪器配套软件生成的图形，得出铁电极在四组不同电解质溶液中的钝化电势 ε_p 和钝化电流 i_p。

七、思考题

1. 如何根据极化电势的改变判断所进行的极化是阳极极化还是阴极极化？
2. 试比较恒电位法和恒电流法的异同，分析二者在装置上各有什么特点。
3. 为什么不能采用恒电流法测定钝化曲线？
4. 影响金属钝化的因素有哪些？

八、分析与讨论

(一)极化曲线的测定

极化曲线的测定既可以采用恒电流法,也可以采用恒电位法,所得到的结果一致。

1. 恒电位法。恒电位法就是将工作电极的电势依次设定为不同的数值,然后测定相应的电流。极化曲线的测定条件应尽可能接近体系稳态,即被研究体系的极化电流、电极电势、电极表面状态等保持稳定。在实际测定中,常用的方法有以下两种:

静态法:将电极电势设定为某一数值后,测定相应的稳定电流值;通过逐点测定一系列电极电势下的稳定电流值,获得完整的极化曲线。对于某些体系,达到稳态可能需要很长时间,为节省时间,提高测定重现性,往往自行规定每次电势恒定的时间。

动态法:控制电极电势以较慢的速度连续地改变(扫描),并测定对应电势下的瞬时电流值;以瞬时电流与对应的电极电势作图,获得完整的极化曲线。一般来说,如果电极表面建立稳态的速度较慢,则电位扫描速度应相应降低。因此,对于不同的电极体系,扫描速度不同。为测得稳态极化曲线,人们通常依次减小扫描速度,测定若干条极化曲线。当测至极化曲线不再发生明显变化时,可确定此扫描速度下测得的极化曲线即稳态极化曲线。同样,为了节省时间,对于那些只是为了比较不同因素对电极过程影响而绘制的极化曲线,选取适当的扫描速度绘制准稳态极化曲线即可。

上述两种方法应用广泛,尤其是动态法。由于动态法可以自动测绘,且扫描速度可控,因此测定结果重现性好,特别适用于对比实验。

2. 恒电流法。恒电流法就是将工作电极上的电流密度依次设定为不同的数值,同时测定相应的电极电势值。采用恒电流法测定极化曲线时,由于种种原因,给定电流后,电极电势往往不能立即稳定,不同体系的电势趋于稳定所需要的时间也不同,因此,在实际测定时,电势接近稳定(如 $1\sim 3$ min 无较大变化)即可读值,有时自行规定每次电流恒定的时间。

恒电流法与恒电位法的相同点:①得到的阴极极化曲线相同;②都能测出正常溶解区、钝化区、过钝化区。

恒电流法与恒电位法的不同点:①恒电位法中电位与电流存在一一对应关系,所得阳极极化曲线完整;②恒电流法中电位与电流不存在一一对应关系,所得阳极极化曲线不完整,测不出完整的稳定钝化区曲线。

(二)电化学稳态

在指定的时间内,如果被研究的电化学系统参量(如电极电势、极化电流、电极表面状态、电极周围反应物和产物的浓度分布等)随着时间变化甚微,则该状态通常被称为电化学稳态。电化学稳态不是电化学平衡状态。实际上,真正的稳态并不存在,稳态只具有相对的含义。到达稳态之前的状态被称为暂态。在稳态极化曲线测定过程中,由于要达到稳态需要很长的时间,而且不同的测试者对稳态的认定标准不同,因此,通常人为规定电极电势的恒定时间或扫描速度。

(三)三电极体系

极化曲线描述的是电极电势与电流密度之间的关系。被研究电极过程的电极称为工作电极或研究电极。与工作电极构成电流回路以产生极化效应的电极称为辅助电极,也称对电极。其面积通常比工作电极大,以降低该电极上的极化效应对结果的影响。参比电极是测定工作电极电势的比较标准,与工作电极构成测定电池。参比电极应是一个电极电势已知且稳定的可逆电极,该电极的稳定性和重现性要好。为降低电极电势测试过程中的溶液电位降,通常在两者之间以鲁金毛细管相连。鲁金毛细管应尽量靠近,但不能无限靠近工作电极表面,以防影响工作电极表面的电力线分布,造成屏蔽效应。

(四)影响金属钝化过程的因素

金属的钝化是一种常见现象。金属钝化过程及钝化性质受多种因素影响,主要包括:

1.溶液的组成。溶液中的 H^+、卤素离子以及某些具有氧化性的阴离子,对金属的钝化现象具有显著的影响。在中性溶液中,金属一般比较容易钝化,而在酸性溶液或某些碱性溶液中,钝化则困难得多,这与阳极产物的溶解度有关。卤素离子,特别是氯离子,可明显阻滞金属的钝化过程,破坏(活化)已经钝化的金属,从而使金属的阳极溶解速度重新增大。溶液中的某些具有氧化性的阴离子(如 CrO_4^{2-}),则可以促进金属钝化。

2.金属的化学组成和结构。各种纯金属的钝化性能不尽相同,以铁、镍、铬为例,铬最容易钝化,镍次之,铁较难钝化。因此,添加铬、镍可以提高钢铁的钝化能力及稳定性。

3.外界因素(如温度、搅拌速度等)。一般来说,温度升高以及搅拌速度加快,可以推迟或防止发生钝化,这显然与离子的扩散有关。

在进行测定前,对工作电极的活化处理也将影响金属的钝化过程。

九、实验探究与拓展

1.查阅文献,讨论如何依据恒电位法和恒电流法的特点以及金属的活化-钝化-过钝化特征来选择合适的实验方法;探讨如何根据实验结果确定合适的扫描速度,分析极化曲线快速扫描和慢速扫描的优缺点;探讨如何结合实验条件控制除氧效果,思考除氧不充分可能引发的后果;探讨如何打磨电极以控制有效反应面积;深入思考极化曲线的重现性、可比性及影响因素;解释扫描初始电位和终止电位的选择原则、初始等待时间的选取依据并设计实验。

2. 查阅文献,探究其他金属如 Cu 和 Zn 的极化曲线,探究极化曲线的实际应用,如在金属的腐蚀与防腐方面的应用。

实验 18　电势-pH 曲线的测定

一、实验目的

1. 测定 Fe^{2+}/Fe^{3+}-EDTA（乙二胺四乙酸，ethylenediaminetetra-acetic acid）络合体系在不同 pH 条件下的电极电势，绘制电势-pH 曲线。
2. 了解电势-pH 曲线的意义及应用。
3. 掌握电极电势、电池电动势和 pH 的测定原理和方法。

二、实验原理

影响电极电势的因素有离子的浓度、溶液的酸碱性、沉淀剂和络合剂等。电极电势可通过能斯特方程计算得到。根据能斯特方程，有 H^+ 或 OH^- 参与的电极反应，其电极电势与溶液的 pH 有关。对此类反应系统，如果指定溶液的浓度，改变其酸碱度，则电极电势将随着溶液的 pH 变化而变化。以电极电势对溶液的 pH 作图，可绘制出系统的电势-pH 曲线。如图 18-1 所示为 Fe^{2+}/Fe^{3+}-EDTA 和 S/H_2S 体系的电势-pH 曲线。

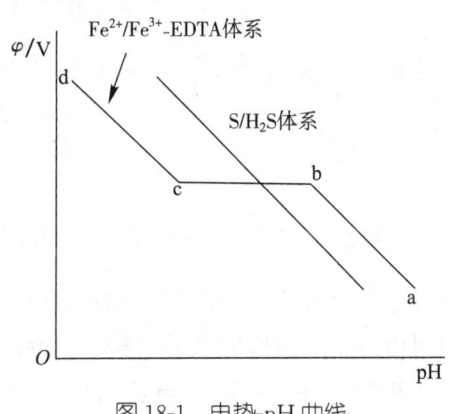

图 18-1　电势-pH 曲线

（一）Fe^{2+}/Fe^{3+}-EDTA 体系的电势-pH 曲线

对于 Fe^{2+}/Fe^{3+}-EDTA 体系，其配合物因为混合配位效应在高 pH 和低 pH 时有所不同。假定 EDTA 的酸根离子为 Y^{4-}，下面将 pH 分为 3 个区间来讨论其电极电势的变化。

1. 在高 pH（图 18-1 中的 ab 段）时，溶液的络合物为 $Fe(OH)Y^{2-}$ 和 FeY^{2-}，其电极反应为

$$Fe(OH)Y^{2-} + e^- \rightleftharpoons FeY^{2-} + OH^- \qquad ①$$

根据能斯特方程，其电极电势为

$$\varphi = \varphi^{\ominus} - \frac{RT}{zF} \ln \frac{\alpha_{FeY^{2-}} \alpha_{OH^-}}{\alpha_{[Fe(OH)Y^{2-}]}} \tag{18-1}$$

式中：$\varphi^{\ominus}$ 为标准电极电势；α 为活度，可由活度系数 γ 和质量摩尔浓度 m 求出。

$$\alpha = \gamma \cdot \frac{m}{m^{\ominus}} \tag{18-2}$$

考虑到稀溶液中水的活度积可以看作水的离子积 K_w，按照 pH 定义，式(18-1)可改写为

$$\varphi = \varphi^{\ominus} - \frac{RT}{F} \ln \frac{\gamma_{FeY^{2-}} K_w}{\gamma_{Fe(OH)Y^-}} - \frac{RT}{F} \ln \frac{m_{FeY^{2-}}}{m_{Fe(OH)Y^-}} - \frac{2.303RT}{F} \text{pH} \tag{18-3}$$

令 $b_1 = \frac{RT}{F} \ln \frac{\gamma_{FeY^{2-}} K_w}{\gamma_{Fe(OH)Y^-}}$，当溶液离子强度和温度一定时，$b_1$ 为常数。则

$$\varphi = (\varphi^{\ominus} - b_1) - \frac{RT}{F} \ln \frac{m_{FeY^{2-}}}{m_{Fe(OH)Y^-}} - \frac{2.303RT}{F} \text{pH} \tag{18-4}$$

当 EDTA 过量时，生成的络合物的浓度可近似等于溶液中铁离子的初始浓度，即 $m_{FeY^{2-}} \approx m_{Fe^{2+}}$，$m_{Fe(OH)Y^-} \approx m_{Fe^{3+}}$。当 $m_{Fe^{2+}}/m_{Fe^{3+}}$ 一定时，φ 与 pH 呈线性关系。

2. 在特定的 pH 范围内（图 18-1 中的 bc 段），Fe^{2+} 和 Fe^{3+} 与 EDTA 生成稳定的络合物 FeY^{2-} 和 FeY^-，其电极反应为

$$FeY^- + e^- \rightleftharpoons FeY^{2-} \qquad ②$$

其电极电势为

$$\varphi = \varphi^{\ominus} - \frac{RT}{F} \ln \frac{\alpha_{FeY^{2-}}}{\alpha_{FeY^-}} = \varphi^{\ominus} - \frac{RT}{F} \ln \frac{\gamma_{FeY^{2-}}}{\gamma_{FeY^-}} - \frac{RT}{F} \ln \frac{m_{FeY^{2-}}}{m_{FeY^-}}$$
$$= (\varphi^{\ominus} - b_2) - \frac{RT}{F} \ln \frac{m_{FeY^{2-}}}{m_{FeY^-}} \tag{18-5}$$

式中 $b_2 = \frac{RT}{F} \ln \frac{\gamma_{FeY^{2-}}}{\gamma_{FeY^-}}$。当温度一定时，$b_2$ 为常数。在此 pH 范围内，该体系的电极电势只与 $m_{FeY^{2-}}/m_{FeY^-}$ 有关，或者说只与配制溶液时的 $m_{Fe^{2+}}/m_{Fe^{3+}}$ 有关。

3. 在低 pH（图 18-1 中的 cd 段）时，体系的电极反应为

$$FeY^- + H^+ + e^- \rightleftharpoons FeHY^- \qquad ③$$

同理，可求得

$$\varphi = (\varphi^{\ominus} - b_3) - \frac{RT}{F} \ln \frac{m_{FeHY^-}}{m_{FeY^-}} - \frac{2.303RT}{F} \text{pH} \tag{18-6}$$

当 $m_{Fe^{2+}}/m_{Fe^{3+}}$ 不变时，φ 与 pH 呈线性关系。

由此可见，只要将 Fe^{2+}/Fe^{3+}-EDTA 体系用惰性金属（铂丝）作导体组成电极，并与另一参比电极（饱和甘汞电极）组成电池，测该电池的电动势，即可求得该体系的电极电势。与此同时，测出相应条件下的 pH，即可绘制电势-pH 曲线。

(二)电势-pH 曲线的应用

随着研究的深入，电势-pH 曲线在实践中的应用越来越广泛，分析化学、水溶液

化学、配位化学、湿法冶金、硫化矿浮选、金属防腐和脱硫工艺等领域都有涉及。在湿法脱硫工艺中，Fe^{2+}/Fe^{3+}-EDTA 体系被应用于合成氨原料气中 H_2S 的脱除。这种脱硫工艺在确定最佳 pH 范围等方面达到理论和实践的完美结合，是电势-pH 曲线应用的经典案例。

本实验讨论的 Fe^{2+}/Fe^{3+}-EDTA 体系，也可用于消除天然气中的有害气体 H_2S。利用 Fe^{3+}-EDTA 溶液可将天然气中的 H_2S 氧化成单质硫除去，溶液中 Fe^{3+}-EDTA 络合物被还原为 Fe^{2+}-EDTA 配合物，通入空气可以使 Fe^{2+}-EDTA 氧化成 Fe^{3+}-EDTA，使溶液再生，从而不断循环使用。此过程涉及的反应如下：

脱硫：$2FeY^- + H_2S \longrightarrow 2FeY^{2-} + 2H^+ + S\downarrow$ ④

再生：$2FeY^{2-} + \frac{1}{2}O_2 + H_2O \longrightarrow 2FeY^- + 2OH^-$ ⑤

在用 EDTA 络合铁盐脱除天然气中的硫时，Fe^{2+}/Fe^{3+}-EDTA 络合体系的电势-pH 曲线可以帮助我们选择较适宜的脱硫条件。

根据电极反应 $2H^+ + S + 2e^- \rightleftharpoons H_2S(g)$，在 25 ℃时的电极电势 φ（单位为 V）与 H_2S 分压 p_{H_2S} 的关系应为

$$\varphi = 0.378 - \frac{RT}{2F}\ln\frac{p_{H_2S}}{p^{\ominus}} - 0.0591 pH \tag{18-7}$$

由电势-pH 曲线（图 18-1）可知，对任何 $m_{Fe^{2+}}/m_{Fe^{3+}}$ 一定的脱硫液而言，其电极电势与反应 $2H^+ + S + 2e^- \rightleftharpoons H_2S$ 的电极电势之差，在平台区的 pH 范围内随着 pH 的增大而增大；到平台区的 pH 上限，两电极电势差值最大；超过此 pH，两电极电势差值不再增大，成为定值。这一事实表明，任何 $m_{Fe^{2+}}/m_{Fe^{3+}}$ 一定的脱硫液，在它的电势平台区的上限，脱硫的热力学趋势达最大；超过此 pH 后，脱硫的热力学趋势不再随 pH 增大而增大。由此可知，根据电势-pH 曲线，从热力学角度看，用 EDTA 络合铁盐法脱除天然气中的 H_2S 时，脱硫液的 pH 为 6.5～8 或高于 8 都是合理的，但 pH 不宜大于 12，否则会形成 $Fe(OH)_3$ 沉淀。

三、实验仪器与试剂

（一）实验仪器

pH-3V 酸度电势测定仪、超级恒温水浴、电磁搅拌器、饱和甘汞电极、pH 复合电极、铂电极、五颈瓶（带恒温套，500 mL）等。

（二）实验试剂

$NH_4Fe(SO_4)_2 \cdot 12H_2O$（化学纯）、$(NH_4)_2Fe(SO_4)_2 \cdot 6H_2O$（化学纯）、盐酸溶液、NaOH 溶液、EDTA-4Na（化学纯）、邻苯二甲酸氢钾缓冲溶液（pH=4.00）、混合磷酸盐缓冲溶液（pH=6.86）、四硼酸钠缓冲溶液（pH=9.18）等。

四、实验步骤

(一)仪器校正

针对电极系统可能存在的pH零电位偏差,采取现场两点定标法来进行校正。(每种仪器的校正方法有所不同,请参照相关仪器说明)

实验操作演示

(二)配制溶液

分别配制 0.05 mol/kg $NH_4Fe(SO_4)_2$ 溶液、0.05 mol/kg $(NH_4)_2Fe(SO_4)_2$ 溶液、0.15 mol/kg EDTA-4Na 溶液、4 mol/L 盐酸溶液、2 mol/L NaOH溶液。

按顺序向五颈瓶中加入 60 mL $NH_4Fe(SO_4)_2$ 溶液、60 mL $(NH_4)_2Fe(SO_4)_2$ 溶液、80 mL EDTA-4Na溶液、50 mL 去氧蒸馏水,并迅速通入氮气。

(三)安装仪器

将五颈瓶固定好后,在五颈瓶盖子上分别插入 pH 复合电极、铂电极、饱和甘汞电极和温度探头(图 18-2),将搅拌子放入反应器中,打开电源,调节旋钮,使搅拌器以合适的转速工作。

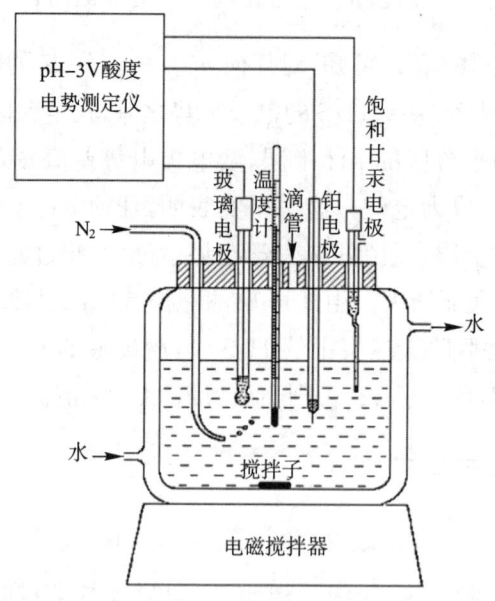

图 18-2 电势-pH 测定装置图

(四)电极电势和pH的测定

待 pH 稳定(此时 pH 约为 9.4),读取电动势,记录实验数据。随后从加液孔滴加 4 mol/L 盐酸溶液,使 pH 下降 0.3。待读数稳定,分别读取 pH 和电势。继续滴加盐酸溶液调节 pH,记录 pH 和电势,直至溶液的 pH 降为 3.0 左右,停止实验。及时取出电极,用水冲洗干净,然后使仪器复原。

五、注意事项

1. 五颈瓶盖子上连接的装置较多,操作时要注意安全。

2. 在用盐酸溶液调节 pH 时,滴加速度要慢,以免 pH 降幅过大。

3. EDTA-4Na 溶液须提前一周配制并标定好,其余溶液宜现配先用。配制溶液所用水为去离子水。

六、数据记录与处理

1. 将实验数据填入表 18-1,并将测定的电势换算成相应电极的电极电势。

表 18-1　实验数据记录及处理

序号	1	2	3	4	5	6	7	…
pH								
E/mV								
φ/mV								

2. 用 Excel 或 Origin 绘制 φ-pH 曲线,并由曲线确定 FeY^- 和 FeY^{2-} 稳定存在的 pH 范围以及脱硫工艺的最佳 pH。

七、思考题

1. 写出 Fe^{2+}/Fe^{3+}-EDTA 体系在 φ-pH 曲线平台区、低 pH 和高 pH 范围内的基本电极反应及其对应的电极电势表达式,并指出各项的物理意义。

2. 如果改变 $m_{Fe^{2+}}/m_{Fe^{3+}}$,测得的电势-pH 曲线将会发生什么样的变化?

3. 举例说明电势-pH 曲线测定的实际应用。

八、实验探究与拓展

1. 查阅文献,了解 φ-pH 图的应用。例如,从 φ-pH 图可以直观地了解元素及其化合物的某些性质和稳定存在的条件,这对了解金属腐蚀和防护的原理很有帮助。

2. 查阅文献,了解应用量子化学计算绘制 φ-pH 图的方法。

实验 19　旋转圆盘电极研究氧的阴极电催化还原反应

一、实验目的

1. 了解利用旋转圆盘电极体系研究低溶解度气体反应物的反应机理与动力学的优势。

2. 熟悉有关旋转圆盘电极体系的具体操作。

二、实验原理

通常平面电极上的电流是不均匀的，而且水溶液中的传质速度也比较小，这给电化学生产和电化学理论研究带来很多困难。对此，研究人员曾经设计过各种电极装置和搅拌方式，其中最常用的是旋转圆盘电极。该电极广泛应用于现代电分析化学及电极过程和均相化学反应的研究。当旋转圆盘电极自身旋转时，溶液在电极表面进行有规律的运动（层流运动），并且电极表面扩散层厚度随转速的变化而变化。这种变化使对流扩散过程能够被更精确地分析和控制。这是电极反应动力学中的特例。

旋转圆盘电极通常是把由金属（如铂、金、钯等）或碳制成的圆盘电极嵌入具有一定厚度的由绝缘材料（如聚四氟乙烯、树脂等）制成的空心棒中得到的。由于绝缘壳层的存在，可以忽略流体动力学边缘效应。需要特别注意的是，要保证电极材料和绝缘套之间接触紧密，没有溶液渗透，同时保证圆盘电极与垂直于它的转轴同心且具有良好的轴心对称性。电极直接装在电动机上，利用电动机控制电极在溶液中以一定的角速率旋转（转速范围一般为 50~10000 r/min），使液体沿旋转轴输送到电极表面，然后沿电极径向甩出。在电极表面扩散层以外的区域，溶液流动方式为层流。

本实验将借助旋转圆盘电极技术来研究氧的阴极电催化还原反应。旋转圆盘电极体系中涉及的对流与扩散传质可用扩散层模型来解释。例如，对于简单反应 $O + ne^- \longrightarrow R$，一旦反应物 O 开始发生还原反应，电极表面的浓度就要小于其本体浓度。如果用旋转圆盘电极控制电极在溶液中以一定角速率旋转，电极表面附近就会存在一个厚度为 δ 的溶液层。在此溶液层以外，由于充分搅拌，溶液中所有物质的浓度均匀，浓度大小等于本体浓度。但是，在此溶液层以内，由于存在电极的黏滞阻力，溶液传质不受对流影响，完全由扩散控制。因此，在电极附近的对流问题就转化为纯粹的扩散问题。δ 的大小与转速有关，转速越大，δ 越小。

旋转圆盘电极的极限扩散电流的表达式（Levich 方程）为

$$i = 0.62nFc_{\mathrm{O}}AD^{2/3}v^{-1/6}\omega^{1/2} \tag{19-1}$$

式中：n 为反应转移的电子数；c_{O} 代表溶液中反应物的本体浓度；A 为电极的几何面积；D 为反应物的扩散系数；v 为溶液的黏度系数；ω 为电极转速。

可以看出，极限扩散电流的大小正比于反应物的本体浓度 c_{O} 与电极转速的平方根 $\omega^{1/2}$。如图 19-1 所示为不同转速下电流密度随电极电势变化的极化曲线，在动力学控制区，电流密度与电极的转速无关。极限扩散电流密度随着转速增大而增大，并且与转速的平方根呈线性关系，如图 19-2 所示。

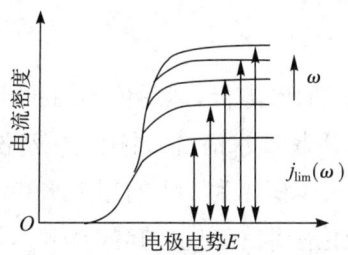

图 19-1　不同转速下电流密度随电极电势的变化关系图

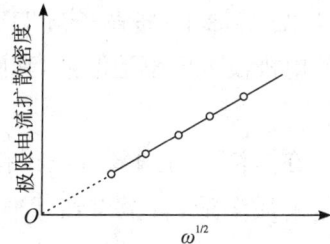

图 19-2　极限扩散电流密度与转速的平方根的线性关系图

著名的 Koutecky-Levich 方程：

$$\frac{1}{i} = \frac{1}{i_{\mathrm{k}}} + \frac{1}{0.62nFc_{\mathrm{O}}AD^{2/3}v^{-1/6}\omega^{1/2}} \tag{19-2}$$

式中 i_{k} 代表传质的影响可以忽略时完全由动力学控制的电流。

利用式(19-2)，可以求出不同电势条件下完全由动力学控制的电流，进而求出电极反应的其他动力学参数以及反应物的扩散系数与反应过程中得失电子数等参数。

三、实验仪器与试剂

(一)实验仪器

CHI760D 电化学工作站、ATA-1B 旋转圆盘电极体系、铂电极、汞/氧化汞电极、玻碳电极、移液枪等。

(二) 实验试剂

KOH 溶液(0.1 mol/L)、20%铂炭催化剂(50 mL)、氧化铝粉末(粒径为1 μm、250 nm、50 nm)、乙醇、丙酮、Nafion 溶液①、超纯水、氮气、氧气等。

四、实验步骤

(一) 电解池清洗

用超纯水冲洗电解池 3 次。

(二) 工作电极制备

用 4000♯金相砂纸仔细研磨电极,然后依次用粒径为 1 μm、250 nm、50 nm 的氧化铝粉末研磨至呈镜面,用超纯水清洗,再用丙酮清洗,最后用超纯水清洗。

将 20%铂炭催化剂加入体积比为 1:1 的超纯水和乙醇的混合溶液中,超声分散,使之混合均匀。用移液枪吸取一定量的混合溶液,滴加至清洗干净的玻碳电极表面,使其自然干燥。在干燥后的电极表面滴加 Nafion 溶液,使其自然干燥。

(三) 氧还原实验

将 KOH 溶液置于洁净的电解池中,将制备好的电极装入旋转圆盘电极体系,并通过调节电解池高度使电极浸入电解池溶液,其中汞/氧化汞电极作为参比电极,铂丝作为辅助电极。

向溶液中通氮气 15 min,在溶液上方通氮气以保持氮气氛围,然后对工作电极进行电化学清洗,并更换电解质溶液,直至得到标准的 CV 曲线(循环伏安图,cyclic voltammogram)。在氮气氛围中扫描 CV 曲线,扫描速度为 50 mV/s,电位区间视电极而定。

将氮气更换为氧气(向溶液中通氧气,在溶液上方通氧气),调节工作电极的转速,在不同转速(400 r/min、800 r/min、1200 r/min、1600 r/min、2000 r/min)下扫描 CV 曲线,扫描速度为 20 mV/s,电位区间视电极而定,可得到氧还原曲线。

五、注意事项

工作电极的表面要保持洁净。

六、数据记录与处理

将实验数据填入表 19-1。以 $\omega^{-1/2}$ 为横坐标,i^{-1} 为纵坐标作图。

---

① Nafion 溶液:一种特殊的离子导电聚合物溶液,主要由全氟磺酸基聚合物组成。

表 19-1　实验数据记录

$\omega/(\text{r/min})$	$\omega^{1/2}$	$\omega^{-1/2}$	$1/i_{V_1}$	$1/i_{V_2}$	$1/i_{V_3}$	$1/i_{V_4}$	$1/i_{V_5}$
400							
800							
1200							
1600							
2000							

七、思考题

1. 利用旋转圆盘电极体系研究低溶解度气体反应物的反应机理的优势有哪些？

2. 如何根据实验结果来间接计算氧的阴极电催化还原反应的电子转移数目？

八、实验探究与拓展

旋转圆盘电极体系主要用于研究低溶解度反应物的电极过程动力学。在利用此技术研究不可逆电极反应动力学时，人们常利用 Koutecky-Levich 方程排除传质的影响，用总电流估算反应的动力学电流。旋转圆盘电极的工作原理是，利用电极的高速旋转使样品在电化学测试中的浓差极化降至最低。在氧还原反应过程中，电极上的样品能及时得到补充，可测得准确的极限电流值。查阅文献，综述旋转圆盘电极方法研究的发展历史、应用领域和实验条件等。

表面化学与胶体大分子实验

实验 20　最大泡压法测定溶液的表面张力

一、实验目的

1. 了解表面张力的性质、比表面自由能的意义。
2. 熟悉吉布斯吸附方程,了解溶液的吸附现象和朗缪尔吸附等温式的应用。
3. 掌握用最大泡压法测定表面张力的原理和技术。
4. 测定不同浓度乙醇水溶液的表面张力,计算表面吸附量和乙醇分子的横截面积。

二、实验原理

(一) 表面张力和比表面自由能

表面张力是液体的重要性质之一,是由表面层分子受力不均衡引起的。如液体与其蒸气构成的系统,液体内部分子与周围分子间的作用力是球形对称的,可以彼此抵消,合力为零;而表面层分子处于力场不对称的环境中,液体内部分子对它的作用力远大于液面上方蒸气分子对它的作用力,从而使它受到指向液体内部的拉力作用,故液体都有自动缩小表面积的趋势。

从热力学观点看,液体表面缩小是一个自发过程,这是使体系总吉布斯自由能减小的过程。若要使液体产生新的表面 ΔA_S,则需要对其做功。功的大小与 ΔA_S 的大小成正比:

$$\Delta G = W' = \nu \Delta A_S \tag{20-1}$$

式中 ν 为比例系数。从能量的角度看,ν 被称为比表面自由能,即恒温恒压下形成 1 m² 新表面所需的可逆功,其单位为 J/m²。从力的角度看,ν 可理解为沿着表面、和表面相切、垂直作用于单位长度相界面的表面紧缩力,即表面张力,其单位为 N/m。液体表面自动缩小趋势的大小与溶质、溶剂的本性,溶质的浓度、温度及表面气氛等因素有关。

(二)溶液的表面吸附

纯物质表面层的组成与内部相同,因此,纯液体降低表面自由能的唯一途径是尽可能缩小其表面积。对于溶液,溶质能使溶剂的表面张力发生变化,因此,可以通过调节溶质在表面层的浓度来降低表面自由能。

根据能量最低原则,溶质使溶剂的表面张力减小时,表面层溶质的浓度比内部的浓度大;反之,溶质使溶剂的表面张力增大时,表面层溶质的浓度比内部的浓度小。这种表面浓度与溶液内部浓度不同的现象称为溶液的表面吸附。显然,在一定的温度和压力下,溶质的吸附量与溶液的表面张力及溶液的浓度有关,它们之间的关系遵循吉布斯吸附方程:

$$\Gamma = -\frac{c}{RT}\left(\frac{\partial \nu}{\partial c}\right)_T \tag{20-2}$$

式中:Γ 为表面吸附量(mol/m^2);T 为热力学温度(K);c 为稀溶液浓度(mol/L);R 为摩尔气体常数。若 $(\partial \nu/\partial c)_T < 0$,则 $\Gamma > 0$,称为正吸附;若 $(\partial \nu/\partial c)_T > 0$,则 $\Gamma < 0$,称为负吸附。本实验研究正吸附情况。

有一类物质溶入溶剂后能使溶剂的表面张力明显减小,这类物质被称为表面活性物质。表面活性物质由亲水的极性基团和疏水的非极性基团构成。对于有机化合物,表面活性物质的极性部分一般为 $-NH_2$、$-OH$、$-SH$、$-COOH$、$-SO_3H$ 等,它们在水溶液表面排列的情况因其浓度而异。如图20-1所示,当物质浓度很小时,分子可以"平躺"在溶液表面;当物质浓度增大时,分子的极性基团趋向溶液内部,而非极性基团基本上趋向空气;当物质浓度增至一定程度时,分子占据所有表面,形成饱和吸附层。

以浓度对表面张力作图,可得到 $\nu\text{-}c$ 曲线,如图20-2所示。从图中可以看出,开始时 ν 随浓度增大而迅速下降,之后的变化则比较缓慢。在 $\nu\text{-}c$ 曲线上任意选一点 i 作切线,切线的斜率即 $(\partial \nu_i/\partial c_i)_T$,代入式(20-2)可求得该浓度下的 Γ。

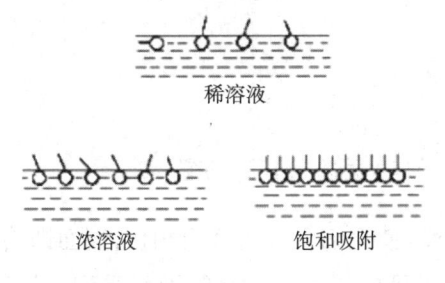

图20-1 表面活性物质分子在溶液表面的排列　　图20-2 表面张力与浓度的关系

(三)饱和吸附与溶质分子的横截面积

吸附量 Γ 与浓度 c 之间的关系可以用朗缪尔吸附等温式表示:

$$\Gamma = \Gamma_\infty \frac{Kc}{1+Kc} \tag{20-3}$$

式中:Γ_∞ 为饱和吸附量;K 为常数。将上式变形,可得

$$\frac{c}{\Gamma} = \frac{c}{\Gamma_\infty} + \frac{1}{K\Gamma_\infty} \tag{20-4}$$

作 (c/Γ)-c 图可得一条直线,其斜率的倒数即 Γ_∞。$1\,\mathrm{m}^2$ 表面的溶质分子数为

$$N = \Gamma_\infty L \tag{20-5}$$

式中 L 为阿伏加德罗常数。由上式可得每个溶质分子在表面上所占据的横截面积:

$$a_\mathrm{m} = \frac{1}{\Gamma_\infty L} \tag{20-6}$$

因此,若测得不同浓度溶液的表面张力,根据 ν-c 曲线可求出不同浓度溶液的吸附量 Γ,再由 (c/Γ)-c 图求出 Γ_∞,便可计算出溶质分子的平均横截面积 a_m。

(四)最大泡压法

测定表面张力的方法有毛细管上升法、滴重法、拉环法和最大泡压法(最大气泡压力法)等,其中最大泡压法较方便,应用较多。本实验用最大泡压法测定乙醇水溶液的表面张力,其实验装置和原理如图 20-3 所示。

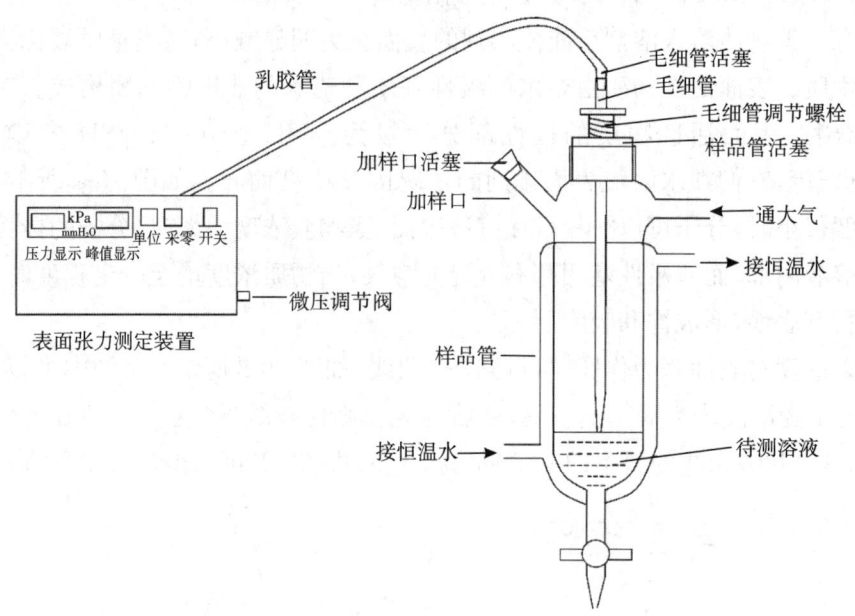

图 20-3 最大泡压法测定液体表面张力装置示意图

气泡形成过程:将待测液体加入样品管,使毛细管口与液面相切,液面即沿毛细管上升。打开微压调节阀,毛细管内液面受到的压力比样品管液面受到的压力大,当此压力差在毛细管端面上产生的作用力稍大于毛细管口液体的表面张力时,气泡就从毛细管口脱出。

如果毛细管的半径很小,则形成的气泡基本上是球形的。气泡开始形成时,表面几乎是平的,这时曲率半径最大;随着气泡的增大,其曲率半径逐渐变小,直

到形成半球形,这时气泡的曲率半径和毛细管半径 r 相等,曲率半径达最小值。根据拉普拉斯公式,这时气泡能承受的压力差最大:

$$\Delta p_{\max} = p_0 - p_r = \frac{2\nu}{r} \tag{20-7}$$

继续增大压力,气泡的曲率半径开始增大。此时,气泡表面所能承受的压力差必然减小,而样品管中的压力差却在进一步加大,所以,气泡将被压出管口或破裂。实际测定时,使毛细管口刚好与液面接触,则可忽略气泡鼓泡所需克服的静压力,这样就可直接用式(20-8)计算表面张力:

$$\nu = \frac{r}{2}\Delta p_{\max} \tag{20-8}$$

三、实验仪器与试剂

(一)实验仪器

表面张力测定装置、恒温水浴、阿贝折光仪、烧杯(200 mL)等。

(二)实验试剂

乙醇(分析纯)、凡士林、蒸馏水等。

四、实验步骤

(一)配制溶液

分别配制体积分数为 5%、10%、15%、20%、25%、30%、35%、40%的乙醇水溶液,备用。

实验操作演示

(二)安装仪器

将毛细管洗净备用。塞上样品管活塞,并将毛细管调节螺栓旋到样品管活塞中(旋入一半即可),然后插入毛细管,最后将样品管固定在铁架台上。

(三)检漏

采用正压测试。将毛细管上端磨口或毛细管向上拔起,通少许大气,按"采零"键,压力计示值为零。注意:为防止系统漏气,毛细管活塞应涂少量凡士林。

从加样口加入蒸馏水,并将加样口活塞塞上,旋转毛细管螺栓,使毛细管口刚好与液面相切。接入恒温水,恒温 5 min 后,打开微压调节阀(顺时针旋转为关闭,逆时针旋转为打开),使压力计示值保持在 10 Pa 以内。当毛细管产生气泡时,关闭微压调节阀。由于内部压力较大,压力通过毛细管不断产生气泡泄放,直至毛细管不再产生气泡。此时,压力计示值基本稳定,表示系统不漏气。

(四)测定毛细管半径

微调微压调节阀,使压力计示值逐渐增大以至气泡由毛细管口呈单泡逸出。

气泡脱离毛细管口而破裂的一瞬间,蜂鸣器鸣响,显示屏显示峰值。当每次显示的峰值大致相同时,连续读数3次,取其平均值。

(五)测定乙醇水溶液的表面张力

按步骤(四)依次测定不同浓度乙醇水溶液的表面张力。

(六)测定乙醇水溶液的折光率

阿贝折光仪的使用方法详见本书中实验6。

五、注意事项

1. 系统必须先检漏再测定。
2. 样品管和毛细管必须用待测溶液清洗干净。
3. 毛细管口必须与液面相切。
4. 实验中必须控制气泡形成的速度。
5. 测定不同浓度乙醇水溶液的表面张力时,应按浓度从低到高的顺序进行,以减小不同浓度溶液之间的影响。

乙醇水溶液的折光率-浓度工作曲线

六、数据记录与处理

1. 记录所测折光率数据,由实验室提供的乙醇水溶液的折光率-浓度工作曲线查出各溶液的浓度,填入表 20-1。

表 20-1　纯水和乙醇水溶液的折光率及浓度

温度=_____ K　　　大气压=_____ Pa

项目	H_2O	乙醇体积分数							
		0.05	0.10	0.15	0.20	0.25	0.30	0.35	0.40
n_1									
n_2									
n_3									
n(平均值)									
n(校正值)	—								
c/(mol/L)	—								

2. 根据纯水的 Δp_{max} 和表面张力,按式(20-8)计算毛细管半径 r,并计算各溶液的表面张力 ν,填入表 20-2。

3. 根据表 20-1 和表 20-2 中数据作 ν-c 图,在曲线上等间距取 10 个点,分别作切线,并求对应的斜率 $(\partial \nu/\partial c)_T$;再根据式(20-2)求出各浓度乙醇水溶液的吸附量 Γ,最后计算 c/Γ,填入表 20-3。

4. 作 (c/Γ)-c 图,由直线斜率求出 Γ_∞,并计算乙醇分子的平均横截面积。

表 20-2　纯水和乙醇水溶液的最大压力差和表面张力

项目	H$_2$O	乙醇体积分数							
		0.05	0.10	0.15	0.20	0.25	0.30	0.35	0.40
$\Delta p_{\max,1}$/kPa									
$\Delta p_{\max,2}$/kPa									
$\Delta p_{\max,3}$/kPa									
$\overline{\Delta p_{\max}}$/kPa									
ν/(N/m)									

表 20-3　乙醇水溶液的 Γ 和 c/Γ 值

项目	乙醇水溶液浓度/(mol/L)									
	c_1	c_2	c_3	c_4	c_5	c_6	c_7	c_8	c_9	c_{10}
$(\partial \nu/\partial c)_T$										
Γ/(mol/m^2)										
(c/Γ)/m^{-1}										

七、思考题

1. 气泡逸出很快或几个气泡一起逸出对实验结果有何影响？
2. 测定不同浓度乙醇溶液的表面张力时，为什么要按浓度由低到高的顺序测定？
3. 表面张力测定装置的洁净程度和温度稳定性对测定数据有何影响？
4. 能否将毛细管末端插入溶液内部进行测定？为什么？
5. 用最大泡压法测定表面张力时，为什么要读最大压力差？
6. 哪些因素影响表面张力测定的结果？如何减小这些因素对实验的影响？

八、分析与讨论

液体表面张力的测定方法有静力学法和动力学法。静力学法有毛细管上升法、迪努伊环法、吊片法、滴重法、滴体积法、最大泡压法、静滴法、接触角法等，动力学法有振荡射流法、旋滴法、悬滴法、毛细管波法等。其中，毛细管上升法和最大泡压法不能用来测定液-液界面张力，吊片法、最大泡压法、振荡射流法、毛细管波法等可以用来测定动态表面张力。由于动力学法本身较复杂，测试精度不高，而且数据采集与处理手段都不够先进，此类测定方法成功应用的实例很少，实际测定中多采用静力学方法。

（一）毛细管上升法

将一支毛细管插入液体，液体将沿毛细管上升，上升到一定高度后，毛细管内

外液体将达到平衡状态,液体不再上升。此时,液面对液体所施加的向上的拉力(表面张力)与液体向下的力相等,故表面张力为

$$\nu = \frac{\rho g h r}{2\cos\theta} \tag{20-9}$$

式中:ν 为表面张力;r 为毛细管的半径;h 为毛细管中液面上升的高度;ρ 为液体的密度;g 为当地的重力加速度;θ 为液体与管壁的接触角。

(二)吊片法

将铂片、云母片或显微镜盖玻片挂在扭力天平或链式天平上,测定薄片的底边平行面刚好接触液面时的压力,由此可得表面张力:

$$W_{总} - W_{片} = 2\nu l\cos\varphi \tag{20-10}$$

式中:$W_{总}$ 为薄片与液面拉脱时的最大拉力;$W_{片}$ 为薄片所受重力;l 为薄片的宽度,薄片与液体接触面的周长近似为 $2l$;φ 为薄片与液体的接触角。

(三)悬滴法

悬滴法是根据水平面上自然形成的液滴的形状计算表面张力的。在一定平面上,液滴形状与液体表面张力和密度有直接关系。悬滴法的原理可用拉普拉斯方程描述:在液滴上任意一点,曲面内外压差为

$$\Delta p = \nu\left(\frac{1}{R_1} + \frac{1}{R_2}\right) \tag{20-11}$$

式中 R_1、R_2 为液滴的曲率半径。

(四)滴重法和滴体积法

当一滴液体从毛细管口滴下时,液滴的质量与液滴的表面张力以及毛细管口的大小有关。直接测定液滴质量的方法称为滴重法,通过测定液滴体积进行推算的方法称为滴体积法。由于液滴在下落过程中可能不完整,因此需要校正:

$$\nu = \frac{W}{2\pi R f} \tag{20-12}$$

式中:W 为液滴的质量;R 为毛细管口半径(由测定仪器决定);f 为校正因子(可查表得到)。

九、实验探究与拓展

1. 查阅文献,总结表面张力的各种测定方法,如毛细管上升法、最大泡压法、滴重法、滴体积法、悬滴法、静滴法、迪努伊环法、吊片法、接触角法等,分析这些方法的优缺点以及适用条件。

2. 以浓度、温度等为变量,开展探索性实验,对实验条件进行优化。

实验 21　溶液吸附法测定活性炭的比表面积

一、实验目的

了解溶液吸附法测定比表面积的基本原理与方法。

二、实验原理

比表面积是指单位质量（或单位体积）物质的表面积，其数值与物质的分散度有关。测定固体比表面积的方法很多，常用 BET(Brunauer-Emmett-Teller)气体吸附法、电子显微镜法、气相色谱法等，但是这些方法都需要复杂的仪器或较长的实验时间。本实验采用溶液吸附法测定活性炭的比表面积，仪器简单，操作方便。

在一定温度下，固体在某些溶液中的吸附行为与固体对气体的吸附行为相似，可以使用朗缪尔吸附等温式来分析。朗缪尔吸附理论的基本假定是：固体表面是均匀的；吸附是单分子层吸附；被吸附在固体表面的分子相互之间没有作用力；吸附与解吸处于动态平衡。根据上述假定，可推导出朗缪尔吸附等温式：

$$\Gamma = \Gamma_\infty \frac{Kc}{1+Kc} \tag{21-1}$$

式中：Γ 为平衡吸附量，通常指单位质量吸附剂上吸附溶质的物质的量(mol/g)；Γ_∞ 为饱和吸附量，即单位质量吸附剂表面覆盖一层吸附质分子时的吸附量，也称为最大吸附量(mol/g)；c 为吸附平衡时溶质在本体溶液中的平衡浓度(mol/L)；K 为吸附作用的平衡常数，也称为吸附系数，与吸附剂、吸附质的性质及温度有关，其值越大，表明吸附剂对吸附质的吸附能力越强。

整理式(21-1)，可得

$$\frac{c}{\Gamma} = \frac{1}{\Gamma_\infty K} + \frac{c}{\Gamma_\infty} \tag{21-2}$$

作 (c/Γ)-c 图，可得一条直线。由直线的斜率和截距可求 Γ_∞ 和 K。

实验表明，在一定浓度范围内，活性炭对有机酸（乙酸）的吸附是单分子层吸附，符合朗缪尔单分子层吸附理论。已知每个乙酸分子的平均横截面积 A_S 为 24.3×10^{-20} m^2，可按下式计算活性炭的比表面积：

$$S_0 = \Gamma_\infty N_A A_S \tag{21-3}$$

式中：S_0 为活性炭的比表面积(m^2/g)；Γ_∞ 为饱和吸附量(mol/g)；N_A 为阿伏加德罗常数(6.023×10^{23} mol^{-1})。

式(21-2)中的吸附量 Γ 可按下式计算：

$$\Gamma = \frac{(c_0 - c)V}{m} \tag{21-4}$$

式中：c_0 为乙酸溶液的起始浓度(mol/L)；c 为吸附达平衡时乙酸溶液的浓度(mol/L)；V 为溶液的总体积(L)；m 为活性炭的质量(g)。本实验用氢氧化钠标准溶液对乙酸溶液进行滴定，分析乙酸溶液的浓度。

三、实验仪器与试剂

(一)实验仪器

滴定管(30 mL)、具塞三角瓶(250 mL)、三角瓶(150 mL)、移液管(20 mL、50 mL)、漏斗、电动振荡器等。

(二)实验试剂

氢氧化钠标准溶液(0.1000 mol/L)、乙酸溶液(0.1000 mol/L，现配现用)、活性炭、酚酞指示剂、蒸馏水等。

四、实验步骤

1. 配制 0.1000 mol/L 乙酸溶液。
2. 取 5 个洁净干燥的具塞三角瓶，分别放入约 1 g(精确到 0.001 g)活性炭，并标号，用移液管分别按表 21-1 中数据加入蒸馏水与乙酸溶液，塞好塞子。

实验操作演示

表 21-1 实验用乙酸溶液配比

序号	1	2	3	4	5
蒸馏水体积/mL	50	60	70	80	90
乙酸溶液体积/mL	50	40	30	20	10

3. 摇动各瓶待测样品，使活性炭均匀悬浮于乙酸溶液中，然后将三角瓶放在电动振荡器上，盖好固定板，振荡 30 min。
4. 用移液管移取 20 mL 原始乙酸溶液，用氢氧化钠标准溶液滴定其浓度。
5. 振荡结束后，用干燥漏斗过滤。为了减少滤纸吸附的影响，将开始过滤的 5 mL 滤液弃去，其余滤液装入 150 mL 干燥三角瓶中。
6. 从 1、2 号三角瓶中各取 20 mL 滤液，从 3、4、5 号三角瓶中各取 30 mL 滤液，用氢氧化钠标准溶液滴定其浓度。

五、注意事项

1. 溶液的配制要确保准确性。
2. 活性炭颗粒要均匀且干燥。

六、数据记录与处理

1. 求乙酸的初始浓度 c_0、平衡浓度 c 及相应的吸附量 Γ。

2. 用 c/Γ 对 c 作图,由直线的斜率和截距求饱和吸附量 Γ_∞,并计算活性炭的比表面积。

七、思考题

1. 比表面积的测定与温度、吸附质的浓度、吸附剂的理化性质、吸附时间有什么关系?

2. 固体在稀溶液中对溶质分子的吸附行为与固体在气相中对气体分子的吸附行为有何异同点?

3. 溶液产生吸附时,如何判断其是否达到平衡?

八、分析与讨论

1. 测定固体比表面积时所用溶液中溶质的浓度要适当,即初始溶液的浓度以及吸附平衡后的浓度都要在合适的范围内。既要防止初始浓度过高导致出现多分子层吸附,又要避免平衡后的浓度过低使吸附达不到饱和。如活性炭吸附亚甲基蓝实验中原始溶液的浓度为 2 g/L 左右,平衡溶液的浓度不小于 1 mg/L。

2. 根据朗缪尔吸附等温线的原理,溶液吸附必须在等温条件下进行。若实验过程中温度有变化,则会影响测定结果。本实验将盛有样品的三角瓶置于恒温器中振荡,使之达到平衡。

九、实验探究与拓展

1. 活性炭预处理研究:分别采用物理法(纯水煮沸)、化学法(酸洗、碱洗)以及物理化学法(超声+盐酸)对活性炭进行预处理,并对比不同预处理方法对活性炭结构及吸附性能的影响。

2. 优化实验条件研究:通过考察温度、振荡时间和乙酸浓度对活性炭吸附乙酸的影响,确定不同温度下的最佳乙酸浓度范围和振荡时间等实验条件,分析产生测试误差的原因,从而降低温度、溶液浓度及振荡时间等因素的影响。

实验 22 低温氮吸附法测定多孔材料的比表面积及孔径分布

一、实验目的

1. 了解低温氮吸附法测定多孔材料的比表面积及孔径分布的原理和方法。
2. 掌握比表面积分析仪的操作方法和配套软件的使用方法。
3. 学会分析实验结果和数据。

二、实验原理

多孔材料的比表面积及孔径分布测试是评价粉末及多孔材料的吸附、催化性能的重要方法,广泛应用于药品、陶瓷、涂料、医学植入体、推进燃料、航天隔绝材料、碳纳米管和燃料电池等的研究。

根据测试思路,比表面积及孔径分布测试方法分为透气法、吸附法和其他方法。透气法是将待测粉体填装在透气管内,振实到一定堆积密度,根据透气速率确定粉体比表面积,比表面积测试范围和精度都很有限。吸附法是让一种吸附质分子吸附在待测粉末样品(吸附剂)表面,然后根据吸附量评价待测粉末样品的比表面积及孔径分布,较常用且精度相对较高。根据吸附质,吸附法可分为氮吸附法、吸碘法、吸汞法(压汞法)和吸附其他分子的方法。以氮分子作为吸附质的氮吸附法需要在液氮温度下进行吸附,故又称为低温氮吸附法。氮分子性质稳定,分子直径小,安全无毒,来源广泛,是吸附法测比表面积及孔径分布理想的且目前主要使用的吸附质。其他比表面积及孔径分布测试方法有粒度估算法、显微镜观测估算法,但已很少使用。

(一)比表面积测试原理

比表面积是指 1 g 固体物质的总表面积,包括物质外部表面积和内部通孔表面积。低温氮吸附法测定固体比表面积和孔径分布的依据是气体在固体表面的吸附规律。在恒定温度条件下,吸附达到平衡状态时,一定的气体压力对应固体表面一定的气体吸附量。平衡吸附量随着压力变化的曲线称为吸附等温线。对吸附等温线进行研究与测定,不仅可以获取有关吸附剂和吸附质性质的信息,还可以计算出固体的比表面积和孔径分布。

1.朗缪尔吸附等温式——单层吸附。

理论模型:吸附剂(固体)表面是均匀的;吸附粒子间的相互作用可以忽略;吸附是单分子层吸附;吸附平衡是动态平衡;吸附速率正比于空白表面,脱附速率正比于被覆盖的表面。

朗缪尔吸附等温式有多种表达形式,其中一种表达式如下:

$$\frac{p}{V} = \frac{1}{V_m b} + \frac{p}{V_m} \quad (22\text{-}1)$$

式中:V 为气体吸附量;V_m 为单层饱和吸附量;p 为吸附质(气体)压力;b 为常数。

以 p/V 对 p 作图得到一条直线,根据斜率和截距可求出 b 和 V_m,只要得到单分子层饱和吸附量 V_m,就可求出比表面积 S_g。

2. BET 吸附等温式——多层吸附。

BET 法是目前测量固体比表面积最常用的方法,其原理是物质表面(颗粒外部和内部通孔的表面)在低温下发生多层物理吸附。

理论模型:物理吸附是按多层吸附方式进行的,不等第一层吸附满,就可能产生第二层吸附,第二层上又可能产生第三层吸附。达到吸附平衡时,测量吸附质压力和气体吸附量。所以,吸附法测得的表面积实质上是吸附质分子所能到达的材料的外表面和内部通孔总表面之和。BET 吸附等温式:

$$\frac{p/p_0}{V(1-p/p_0)} = \frac{C-1}{V_m C} \times \frac{p}{p_0} + \frac{1}{V_m C} \quad (22\text{-}2)$$

式中:V 为气体吸附量;V_m 为单分子层饱和吸附量;p 为吸附质压力;p_0 为吸附质在该温度下的饱和蒸气压;C 为常数。

令 $Y = \dfrac{p/p_0}{V(1-p/p_0)}$,$X = \dfrac{p}{p_0}$,$A = \dfrac{C-1}{V_m C}$,$B = \dfrac{1}{V_m C}$。以 Y 对 X 作图得到一条直线(图 22-1),且 $1/(截距+斜率) = V_m$,由此可得比表面积。

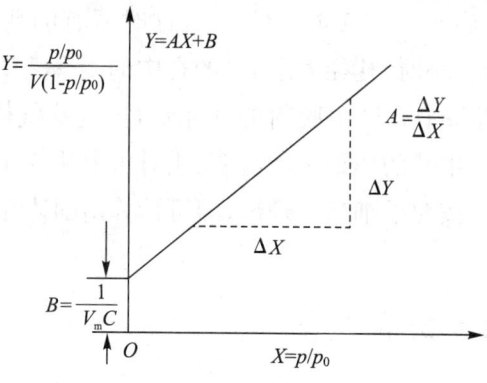

图 22-1　BET 直线图

BET 法测定比表面积最常用的吸附质是氮气,吸附温度在氮气液化点(−195 ℃)附近。低温条件可以避免化学吸附。相对压力 p/p_0 须控制在 0.05~0.35;低于 0.05 时,氮分子数达不到单分子层饱和吸附的要求,不易建立吸附平衡;高于 0.35 时,会发生毛细凝聚,导致内表面丧失,阻碍多层物理吸附层数的增加。

(二)孔径分布测定原理

固体表面的细孔可以分成三类:微孔,孔径<2 nm,活性炭、沸石、分子筛有此类孔;中孔,孔径为 $2\sim50$ nm,多数超细粉体中的孔属于这一范围;大孔,孔径>50 nm,Fe_3O_4、硅藻土等含此类孔。

低温氮吸附法测定孔径分布利用毛细冷凝现象和体积等效交换原理,将被测孔中充满液氮,将液氮量等效为孔的体积。毛细冷凝现象是指在一定温度下,对于水平液面尚未达到饱和状态,而孔内的凹液面可能已经达到饱和或过饱和状态,蒸气将凝结成液体。

在孔内,液体弯月面上的平衡蒸气压 p 小于同温度下的饱和蒸气压 p_0,即在低于 p_0 的压力下,孔内就可以产生凝聚液,而且吸附质相对压力 p/p_0 与发生凝聚的孔的直径一一对应,孔径越小,产生凝聚液所需的压力越小。

由毛细冷凝现象可知,在不同的 p/p_0 下,能够发生毛细冷凝的孔径范围是不同的。随着 p/p_0 增大,能够发生毛细冷凝的孔的半径也增大。对于一定的 p/p_0,存在一临界孔半径 R_k,半径小于 R_k 的所有孔皆发生毛细冷凝,被液氮填充。

R_k 完全取决于相对压力 p/p_0。也可理解为,对于已发生冷凝的孔,当相对压力低于一定的 p/p_0 时,半径大于 R_k 的孔中凝聚液气化并脱附出来。通过测定样品在不同 p/p_0 下凝聚液的量,可绘制出其等温脱附曲线。由于其利用的是毛细冷凝现象,因此,只适用于含大量中孔、微孔的多孔材料。

根据毛细凝聚理论,按照圆柱孔模型,将所有微孔按孔径分为若干孔区,并按孔径由大到小排列。当 $p/p_0=1$ 时,$R_k\to\infty$,这时所有的孔中都充满了凝聚液。当相对压力由 1 逐渐变小时,孔径大于 R_k 的孔中的凝聚液就被脱附出来;直到相对压力降至 0.4,可得每个孔区中脱附的气体量,把这些气体量换算成凝聚液的体积,就得到每一孔区中孔的体积。因此,在相对压力从 0.4 到 1 的变化范围内,测定等温吸(脱)附线,按照毛细凝聚理论,即可计算出固体孔径分布(孔径测定的范围是 $2\sim50$ nm)。

三、实验仪器与试剂

(一)实验仪器

ASAP 2020 比表面积分析仪(图 22-2)、电子天平等。

(二)实验试剂

液氮、粉末及多孔材料(包括纳米级粉末及纳米级多孔材料)等。

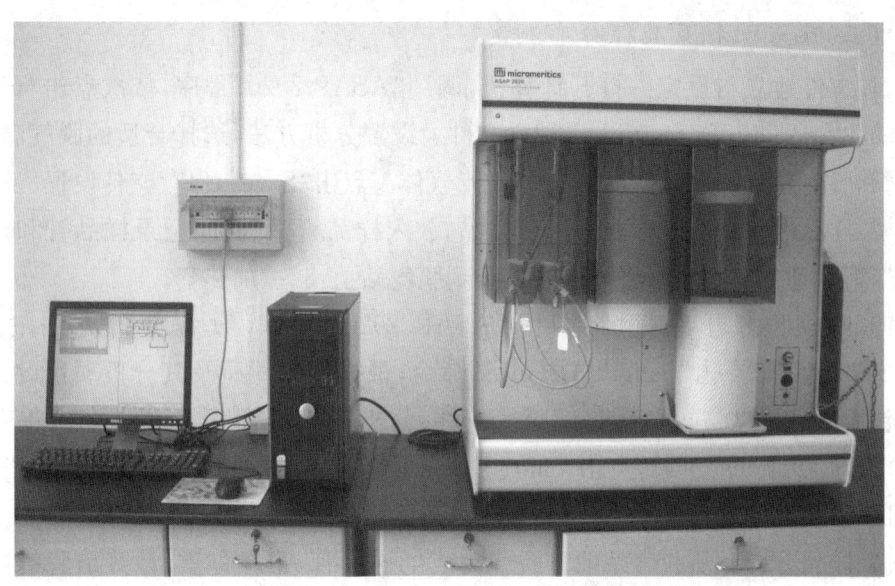

图 22-2　ASAP 2020 比表面积分析仪

四、实验步骤

(一)样品处理

由于吸附法测定的关键是吸附质气体分子有效地吸附在样品颗粒的表面或填充在孔径中,因此,样品颗粒表面洁净至关重要。样品处理的主要目的是尽可能释放非吸附质分子占据的表面。一般情况下,真空脱气分两步,100 ℃左右常压下去除其表面吸附的水分子,350 ℃左右去除有机物。特殊样品应特殊处理,含微孔或吸附特性很强的样品在常温常压下很容易吸附杂质分子,有时需要通入惰性保护气体,以利于样品表面杂质的脱附。注意:样品预处理不当对测试结果有很大影响。

(二)样品称量

通常待分析样品应提供 40~120 m² 的表面积,因为此范围最适合氮吸附分析。小于该面积,会使分析结果不稳定或使吸附量出现负值,导致软件不产生分析结果;大于该面积,会延长分析时间。对于比表面积大的样品,若样品量较少(<100 mg),则样品的称量就变得很重要,因为即使很小的称量误差也会造成较大影响。准确称量样品管质量和脱气后总质量,保证脱气前后管内气体质量一致,才能得到样品的真实质量。对于比表面积很小的样品,要尽量多称,但不能超过样品管底部体积的一半。为了得到样品的真实质量,提高测试精度,可预先在脱气站上对空样品管进行脱气,记下脱气后的质量,这样可以确保样品脱气前后管内气体量一致,从而减小测量误差。

(三)比表面积及孔径分布测定

1. 文件建立与设定。打开计算机,调用"ASAP 2020"程序,依次点击"Film""Open""Simple Informaitiom",建立文件。设置分析方法,选择合适的脱气温度、吸附和脱附过程。选择 N_2 为吸附、脱附气体。点击"Save",保存文件设置。

2. 样品准备。准确称取一定量样品,放入样品管中(同时记录样品管和样品质量,精确到 0.0001 g),将样品管安装到脱气站上,套上加热套。

3. 脱气。打开计算机,调用"ASAP 2020"程序,设置分析方法,打开"Options"菜单,点击"Sample Defaults"命令,根据样品性质及其分析项目设置参数,包括样品信息、样品管信息、脱气条件、分析条件、吸附质特性、报告、保存方法。打开"Options"菜单,点击"Start Desgas",选择样品进行脱气。脱气完毕,计算机显示脱气完成。

4. 样品分析。从脱气站取下脱气完成的样品管,重新称重,计算出脱气后样品的实际质量;再给样品管套上保温套,放到分析站上,将样品实际质量填入原文件中"Sample Information"的"Mass"栏中,保存并关闭文件;加一定量的液氮到分析站的杜瓦瓶中,点击"Options"菜单中的"Start Analysis",进行样品分析。

通常测试是连续分析样品,如果全部分析结束,在关闭气体和真空泵、回填 N_2 至常态及关闭所有阀门后,关闭电源。

注意:如果用其他公司或其他型号的比表面积分析仪,具体操作请参阅仪器说明书。

五、注意事项

1. 倒液氮时要注意安全,一定要戴上防护手套。
2. 脱气站温度高,要注意防止烫伤。
3. 仪器处于开启状态时,必须保证脱气杜瓦瓶中有足量液氮。

六、数据记录与处理

1. 从"Report"菜单中选择报告文件。
2. 观察吸附、脱附曲线形状,分析其曲线类型。
3. 分析曲线与 BET 数据之间的关系,分析 BJH(Barrett-Joyner-Halenda)吸附、脱附数据。

七、思考题

1. 分析 ASAP 2020 比表面积分析仪利用低温氮吸附法测定多孔材料的比表面积及孔径的影响因素。

2. 简述低温氮吸附法测定多孔材料的比表面积及孔径分布的原理。

3. 简述测定比表面积及孔径分布的方法,包括分类、原理及特点。

4. 为什么吸附过程要在液氮中进行?

5. 低温物理吸附测量比表面积的优点和缺点是什么?

6. 氮气是本实验中使用的主要气体,但是不是唯一气体。其他气体如二氧化碳与氮气相比较有什么优点和缺点?

八、分析与讨论

气体吸附法测试中,氮气是最常用的吸附质气体。对于含有微孔的样品,当微孔尺寸非常小,基本接近氮分子的直径时,一方面氮分子很难或无法进入微孔,导致吸附不完全;另一方面气体分子在与其直径相当的孔内吸附特性非常复杂,且受很多因素影响,吸附量大小不能完全反映样品表面积的大小。对于这类样品,一般采用饱和蒸气压较小的氩气或氪气作为吸附质,以利于样品吸附,保证测试结果的有效性。不同吸附气体的比表面积测定范围不同,见表22-1。表中所述只是理论范围,在实际测量中,低比表面积的实验精度很难提高。使用氪气检测极低比表面积时,要求使用高真空泵、低压传感器和高气密性系统等。

表 22-1　几种常用吸附气体的比表面积测定范围

吸附气体	液浴(液体)温度/K	饱和蒸气压/Pa	比表面积测定范围/(m²/g)
N_2	77.4(N_2)	1.01×10^5	$\geqslant 0.1$
Ar	77.4(N_2)	2.68×10^4	0.05~10
Ar	90.19(O_2)	1.33×10^5	1~10
Kr	77.4(N_2)	0.239	0.001~1
Kr	90.19(O_2)	2.58×10^5	0.02~1

九、实验探究与拓展

1. 查阅文献,结合实验结果,分析、总结参数设置对比表面积测定结果的可靠性的影响。

2. 除点估算值外,结合区间估算值,对比表面积测定结果的可靠性进行评价。

实验 23 洗手液的研制及性能测定

一、实验目的

1. 了解洗手液的功能、配方设计和主要原料的作用及制备工艺。
2. 自行设计配方,拟定详细的工艺条件和性能测定方法。
3. 掌握表面张力、pH、固含量等性能指标的测定原理和方法。

二、实验原理

(一)洗手液的配方设计要求

洗手液是一种以清洁手部为主的护肤清洁液,具有性能温和、不刺激皮肤、抗硬水、易冲洗、泡沫丰富、洗后皮肤润滑感好等特点,易于存放。洗手液的配制通常有下列要求:

1. 产品既要有洗净能力和脱脂能力,又要对皮肤无刺激或低刺激。因此,在配方中应选择性能温和的表面活性剂,保证使用中无毒副作用。

2. 产品应具有丰富而稳定的泡沫,且易于冲洗,能在硬水和常温条件下有较好的洗涤效果。

3. 产品的酸碱度应呈中性或弱酸性,且与人体皮肤的 pH 相近,以免对人体皮肤造成刺激。

4. 产品应具有一定的黏度。黏度太低,洗手液在手中停留时间过短,不利于充分洗涤;黏度太高,则产品不易挤出。

5. 产品应有令人愉快的香气和赏心悦目的颜色。

6. 产品应具有一定的稳定性,在使用环境中能存放较长时间。通常要求 1 年以上不变质,不沉淀、分层,不浑浊。

(二)洗手液的基础配方设计

1. 表面活性剂。表面活性剂是洗手液配方中的主要成分,其基本功能是去除手上的油垢和污垢,产生泡沫。选择表面活性剂的总原则是兼顾去污性与安全性。在进行配方设计时,一方面要选择去油和去污能力较强的表面活性剂,以便快速彻底地清除油污;另一方面,考虑到手部皮肤易受化学品伤害,应选择脱脂能力低、刺激性低、性能温和、无毒并且与皮肤相容性好的表面活性剂。在洗手液配方中,一般选择去污能力较强的阴离子表面活性剂作为主表面活性剂,选择两性表面活性剂和非离子表面活性剂作为辅助表面活性剂。最常用的阴离子表面活性剂有脂肪醇聚氧乙烯醚硫酸盐(alcohol ethoxy sulfate,AES)、α-烯基磺酸盐

(alpha-olefin sulfonate, AOS)和仲烷基磺酸钠(secondary alkane sulfonate, SAS)等。常用的两性表面活性剂和非离子表面活性剂有椰油烷基酰胺基丙基甜菜碱(cocamidopropyl betaine, CAB)、椰油单乙醇酰胺和乙二醇二硬脂酸酯等。几种表面活性剂协同作用可增强洗涤效果。在洗手液配方中，一般限制使用对皮肤刺激性较强的直链烷基苯磺酸钠(linear alkylbenzene sulfonate, LAS)。根据我国洗手液行业的标准，洗手液配方中所用的表面活性剂的生物降解度应不低于90%。

2. 润肤保湿剂。润肤保湿剂也是洗手液中必不可少的成分，可以在皮肤表面留下一层保护膜，阻止或减缓皮肤内部水分的流失，保持皮肤润湿。常用的润肤保湿剂有液状石蜡、甘油、乙二醇、山梨醇、丙二醇和烷基糖苷等。润肤保湿剂含量若过高，会使产品有黏腻感，同时会降低产品的去污能力，且润肤保湿剂具有消泡作用，因此，添加量不宜过多，一般为1%～3%。

3. 加脂剂。表面活性剂虽能赋予洗手液基本的清洗功能，但在洗去手上污垢的同时，也会脱除皮肤上的油脂。若长期使用仅含表面活性剂的洗手液，则会使皮肤皲裂、粗糙、失去弹性。因此，与其他洗涤剂不同，洗涤后的肤感是评价洗手液的一个重要指标。为避免因表面活性剂的脱脂作用过强而使皮肤干燥，应在配方中加入一定量的加脂剂。可选用酯类物质，常用的有甘油酸酯、甘油椰油酸酯、肉豆蔻酸异丙酯、甘油椰油基聚乙二醇酯和辛基羟基硬脂酸酯等，可选择一种或几种配合使用，以达到滋润皮肤的效果。

4. pH调节剂。人体皮肤的pH为5.15～6.15，呈酸性。通常可加入柠檬酸调节产品pH至中性或者弱酸性，使之与人体皮肤的pH接近。

5. 增稠剂。在使用洗手液时，如果洗手液黏度太小，不易在手中滞留，则去污能力会受到影响。一般情况下，洗手液黏度为0.6 Pa·s较为理想。但当总表面活性剂含量为10%时，溶液黏度一般只有0.2 Pa·s，此时应添加一定量的增稠剂。增稠剂亦称黏度调节剂，既可改善产品外观，使产品具有一定的稳定性，也方便使用。最常用的增稠剂是无机盐，如$NaCl$、NH_4Cl和KCl等，它们价格便宜，增稠效果好，使用方便。$NaCl$的使用量一般为1%～4%，加入量过多会降低黏度。NH_4Cl的增稠效果最好，但调节范围较窄，稍有不慎就会影响产品的质量。还可使用高分子聚合物作为增稠剂，如聚乙烯吡咯烷酮(polyvinylpyrrolidone, PVP)、聚乙烯醇(polyvinyl alcohol, PVA)和聚丙烯酸(polyacrylic acid, PAA)等。注意：洗手液黏度不应过大，否则不易挤压和冲洗。

6. 抗硬水剂。为保证洗手液在硬水中有较好的洗涤效果，可在配方中加入少量螯合剂来提高产品的抗硬水性能，常选用EDTA-2Na或者柠檬酸，其性能都较温和。

7. 减滑剂。为了减少洗手液在洗涤过程中的滑腻现象，增强皮肤的洗净感，可在配方中加入一定量的减滑剂。$C_{18}\sim C_{20}$阴离子表面活性剂能形成较大的表面张力,减轻洗涤过程中的滑腻感,可选用其中性能温和者作为减滑剂。

8. 防腐剂。为防止和抑制细菌生长,保证产品有一定的存放期,必须在洗手液中加入一定量的防腐剂。应选择无毒、对皮肤无刺激、不影响产品色泽和价格低廉的防腐剂,常用的有苯甲酸钠、苯酚、甲基氯异噻唑啉酮、对羟基苯甲酸酯及异噻唑啉酮等。异噻唑啉酮是一种高效防腐剂,因高效和低成本而被广泛使用,其成本仅为对羟基苯甲酸酯的 1/3。

9. 其他调节剂。为了提升产品的感官体验,可在洗手液中加入适量香精和色素。一般可选择水果香型、花香型或清香型的香精调节香气。赏心悦目的颜色也会给产品增加不少魅力。为此,通常需要加入一定量的色素。产品的颜色应柔和、温馨且明亮,常制成橘黄色、粉红色、天蓝色或者淡绿色。洗手液可制成透明液体或不透明液体。若产品需要加工成不透明液体,则可添加遮光剂。添加珠光剂可使产品具有珠光光泽。注意:香精和色素都应符合国家卫生标准的有关规定。

常见洗手液配方见表 23-1。

表 23-1 洗手液配方

原料	质量分数%	作用
AES(70%)	10.0	去污
LAS(35%)	12.0	去污
6501	2.0	助洗
甘油	2.0	润肤、保湿
NaCl	适量	调节黏度
苯甲酸钠	0.5	防腐
珠光剂	1.0	赋予珠光光泽
香精	3滴	提供香味
盐基玫瑰红	1滴	调色
去离子水	补足余量	溶剂

功能型洗手液配方

注:表中 AES 为十二烷基聚氧乙烯醚硫酸钠,LAS 为十二烷基苯磺酸钠,6501 为椰子油烷基二乙醇酰胺。

三、实验仪器与试剂

(一)实验仪器

表面张力测定装置、精密 pH 试纸、NDJ-1 型旋转黏度计、烧杯(200 mL)、量筒(100 mL)、烘箱、电炉等。

(二)实验试剂

AES(70%)、LAS(35%)、6501、甘油、NaCl、苯甲酸钠、珠光剂、香精、盐基玫瑰红、去离子水等。

四、实验步骤

(一)洗手液的配制

1. 以配制 100 g 产品为基准,按配方要求(表 23-1),分别用加量法称取 10.0 g AES、12.0 g LAS、0.5 g 苯甲酸钠。

2. 向称好原料的烧杯中加入 60 g 去离子水,在电炉上加热至 60~70 ℃,搅拌至原料全部溶解。

3. 适当降温后,用加量称样法加入 2 g 6501、2 g 甘油和 1 g 珠光剂,搅拌均匀。

4. 加入余量(约 10 g)去离子水、适量香精和盐基玫瑰红,搅拌均匀。

5. 搅拌过程中缓慢加入 NaCl(先加 1 g,再边测黏度边加 NaCl,直至产品黏度达到要求)。

(二)洗手液性能测定

1. 洗手液水溶液表面张力的测定(最大泡压法)。采用稀释法分别配制浓度为 1/5000、1/2000、1/1000、1/800、1/500(质量比)的洗手液水溶液,从低浓度到高浓度依次测定其在 20 ℃时的表面张力。

2. pH 的测定。配制 1%的洗手液水溶液后,用玻璃棒蘸取溶液,滴在精密 pH 试纸上,再将其与标准比色卡比较,即可得到其 pH。

3. 固含量的测定。用分析天平称取 0.2 g 洗手液,置于小烧杯中。将烧杯放入烘箱中,105 ℃干燥 3 h 后取出,冷却至室温,称重。然后进行第 2 次、第 3 次干燥,重复此过程,直至连续两次称量结果之差不大于 0.4 mg,记录所得固体质量,利用下式计算出固含量:

$$样品固含量 = \frac{m_2}{m_1} \times 100\% \tag{23-1}$$

式中:m_1 为样品质量(约 0.2 g,精确至 0.0002 g);m_2 为烘干后样品质量(精确至 0.0002 g)。

4. 黏度的测定。采用旋转黏度计(NDJ-1 型)测定,操作步骤如下:①调节旋转黏度计的转速为 12 r/min($k=5$);②打开电源,使旋转杆缓慢下降至液面以下(约 0.2 mm);③读取刻度数值 α。黏度为 $\eta = k\alpha$(mPa·s)。

5. 发泡力的测定。若条件许可,则按照《表面活性剂 发泡力的测定改进 Ross-Miles 法》(GB/T 7462—1994),用罗氏泡沫仪测定。亦可采用简化方法测定:取浓度为 1/1000(质量比)的洗手液水溶液 80 mL,加入 20 mL 自来水,在 100 mL 具塞量筒中加入上述溶液 50 mL,塞住量筒口上下摇动 3 次,记下泡沫高度。

五、数据记录与处理

1. 绘制溶液表面张力-组成图,估计产品的临界胶束浓度(critical micelle concentration,CMC)。

2. 在表 23-2 中填写产品的性能指标。

表 23-2　洗手液产品性能指标

指标名称	性能	指标名称	性能
外观		CMC/(mol/L)	
色泽		固含量/%	
香型		泡沫高度/cm	
总活性含量/%		黏度/(mPa·s)	
pH			

注:外观是指聚集态、是否透明、是否黏稠等;总活性含量是指总表面活性剂质量分数(包含 6501);其余均为实测值。

3. 对所配制的产品作尽可能全面的介绍和说明,并提出改进产品配方的建议。

六、思考题

如果测表面张力时气泡迅速逸出或几个气泡一起逸出,对实验结果有何影响?

七、实验探究与拓展

查阅文献,总结洗涤剂的发展史,综述市售洗手液产品研发现状,特别是近三年内洗手液产品研发的新进展。

实验 24　胶体制备及其 ζ 电势的测定

一、实验目的

1. 了解胶体的概念及其电动性质。
2. 学会胶体制备的基本原理,掌握胶体制备的主要方法。
3. 掌握电泳法测定 ζ 电势的原理与技术。

二、实验原理

(一)胶体的概念

把一种或几种物质分散在另一种物质中就构成分散系统,其中,被分散的物质称为分散相(dispersed phase),另一种物质称为分散介质(dispersing medium)。按分散相粒子的大小,分散系统通常可分为三种类型。

分子分散系统(通常指溶液):分散相与分散介质以分子或离子的形式混溶,形成均匀的单相,没有界面,分散相粒子直径在 1 nm 以下。

胶体分散系统:分散相粒子的直径为 1~100 nm,目测是均匀的,但实际上是多相不均匀系统。有时也将直径为 1~1000 nm 的粒子归入胶体范畴。

粗分散系统:分散相粒子的直径大于 1000 nm,目测是混浊不均匀系统,放置后会沉淀或分层,如泥浆、泡沫等。

另外,根据胶体分散系统的性质,可将其进一步分为两大类:

疏液胶体(简称胶体或溶胶):由难溶物分散在分散介质中形成,粒子由很多分子构成,且大小不等。系统具有明显的相界面和很高的表面吉布斯自由能,很不稳定,极易被破坏而聚沉,聚沉之后往往不能恢复原状,属于热力学中不稳定、不可逆的系统。

亲液胶体(通常指高分子溶液):高分子化合物的溶液通常属于亲液胶体。虽为分子溶液,但其分子的大小已经达到胶体的范围,因此具有胶体的一些特性,如扩散慢、不能透过半透膜、丁达尔效应等。若设法除去高分子溶液的溶剂(或加入电解质进行盐析),则可使其沉淀,重新加入溶剂后高分子化合物又可以自动分散,属于热力学中稳定、可逆的系统。

(二)胶体的制备方法

制备稳定的胶体一般需满足两个条件:一是固体分散相的质点(粒子)大小必须在胶体范围内;二是固体分散相的质点在液体介质中要保持分散而不聚集。因此,制备胶体时一般需要加稳定剂。

原则上，制备胶体有两种方法，即分散法和凝聚法。将大块固体分割至尺寸达到胶体范围的方法称为分散法。使小分子或粒子聚集成胶体粒子的方法称为凝聚法，可分化学凝聚法和物理凝聚法。其中，化学凝聚法是指通过各种化学反应使生成物呈过饱和状态，使初生成的难溶物微粒结合成胶粒，在少量稳定剂存在的情况下形成胶体。这种稳定剂一般是某一过量的反应物或另外加入的其他物质。

本实验采用化学凝聚法制备 AgI 胶体。

(三) 胶团的结构

胶团的结构比较复杂：一定量的难溶物分子聚集形成胶粒的中心，称为胶核。胶核选择性地吸附稳定剂中的一种离子，形成紧密层。由于正、负电荷相吸，紧密层外形成反离子的包围圈，因此形成带电的胶粒。胶粒与扩散层中的反离子形成一个电中性的胶团。胶核吸附离子是有选择性的，首先吸附与其组成相同的某种离子，利用同离子效应使胶核不易溶解。例如：

$$AgNO_3 + KI \longrightarrow KNO_3 + AgI \downarrow \qquad ①$$

用过量 KI 作稳定剂时，胶团的结构可用 $[(AgI)_m \cdot nI^- \cdot (n-x)K^+]^{x-} \cdot xK^+$ 表示。其中，$(AgI)_m$ 是胶核，$[(AgI)_m \cdot nI^- \cdot (n-x)K^+]^{x-}$ 是胶粒，带负电。整个胶团呈电中性，每个胶粒中的 m 值并不完全相同。该胶团结构如图 24-1 所示。当然，作为疏液胶体的基本质点，胶粒并非都呈球形，通常还有带状或丝状等形状。

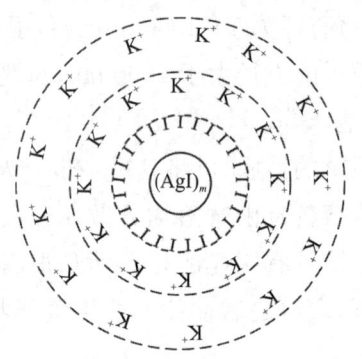

图 24-1　AgI 胶体的胶团结构示意图

(四) 胶体 ζ 电势的测定方法

胶体的结构特殊，具有一些特殊的动力学性质、光学性质和电学性质。其中，电泳和 ζ 电势是胶体电学性质中的关键特质。

胶体中胶核、吸附离子和部分反离子(紧密层)构成胶粒。反离子的另一部分因热扩散分布于介质中，故称为扩散层(图 24-2)。紧密层与扩散层的交界处称为施特恩面。显然，紧密层与介质内部之间存在电势差，该电势差称为 ζ 电势。在电场中，胶粒会向与其电性相反的电极移动，这种现象称为电泳。在特定的电场中，ζ 电势的大小决定胶粒的运动速度，故 ζ 电势又称为电动电势。ζ 电势是表征

胶粒特性的重要物理量之一,在研究胶体性质及实际应用中有着重要的作用。ζ电势和胶体的稳定性有密切的关系。|ζ|值越大,表明胶粒所带电荷越多,胶粒之间的斥力越大,胶体越稳定;反之,则不稳定。当ζ电势等于零时,胶体的稳定性最差,此时可观察到聚沉现象。因此,无论制备或破坏胶体,均需要了解所研究胶体的ζ电势。

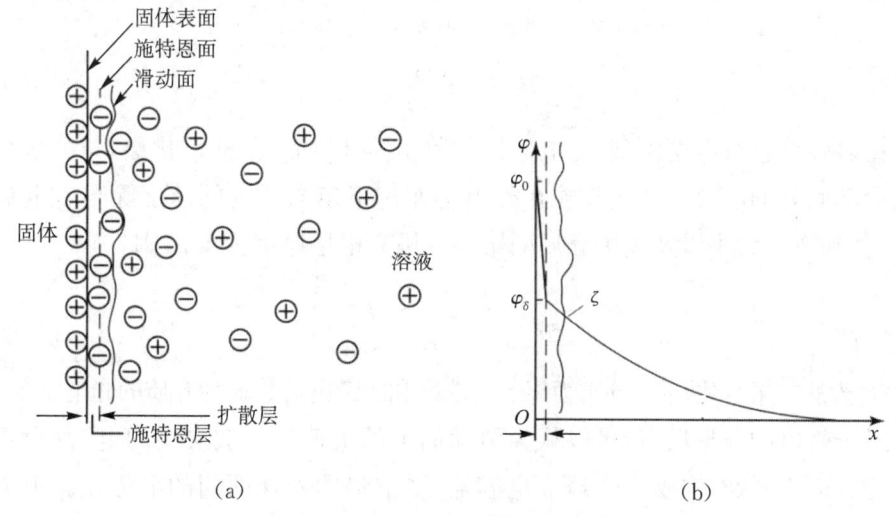

图 24-2　扩散双电层模型

在外加电场作用下,若分散介质相对静态的分散相胶粒发生移动,则称为电渗;若分散相胶粒相对分散介质发生移动,则称为电泳。两者实质上都是荷电粒子在电场作用下的定向运动,不同的是电渗研究的是液体的运动,而电泳研究的是固体粒子的运动。

ζ电势可通过电渗或电泳实验测定。电泳法又分为宏观法和微观法:前者将胶体置于电场中,观察胶体与电解质溶液(辅助液)间所形成的界面的移动速度;后者直接观测单个胶粒在电场中的泳动速度。高分散或过浓的胶体只能用宏观法,颜色太浅或浓度过稀的胶体只能用微观法。本实验采用宏观法测定 AgI 负电胶体的ζ电势。

辅助液是指在界面电泳测定中与胶体直接形成界面的液体,对此液体的要求是:①不与胶体发生化学反应;②不使胶体发生聚沉;③能和胶体形成清晰的、易观测的界面;④和胶体的电导率尽可能相等。前 3 个条件主要由构成辅助液的物质的性质所决定。对于有色的疏液胶体,如 AgI 和 Fe(OH)$_3$ 胶体,浓度不大的 KCl 水溶液可以满足上述条件。因此,可用电导率与 AgI 胶体相等的一定浓度的 KCl 水溶液作辅助液。本实验用的辅助液是浓度约为 0.005 mol/L 的 KCl 溶液。

当带电的胶粒在外电场作用下迁移时,若胶粒的电荷为 q,两电极间的电位梯度为 ω,则胶粒受到的静电力为

$$f_1 = q\omega \tag{24-1}$$

球形胶粒在介质中运动受到的阻力用斯托克斯定律表示：

$$f_2 = 6\pi\eta r u \tag{24-2}$$

式中：η 为介质黏度；r 为胶粒半径。当胶粒受到的静电力与阻力相等时，它将以稳定的速度 u 移动。

$$q\omega = 6\pi\eta r u \tag{24-3}$$

$$u = \frac{q\omega}{6\pi\eta r} \tag{24-4}$$

按照施特恩双电层模型，ζ 电势是分散相的外界面（包括水化层）与分散介质之间滑动面处的电势。带电胶粒在外电场作用下定向移动的速度除与 ζ 电势有关，还受到离子大小以及周围介质的影响。设双电层厚度为 $1/\kappa$，则

$$\kappa^2 = \frac{F^2 \sum_i c_i z_i^2}{\varepsilon RT} \tag{24-5}$$

式中：F 为法拉第常数；c_i、z_i 分别为离子的浓度和所带电荷数；ε 为介质的介电常数。

对于带电的球形质点，可以认为滑动面上的电荷与扩散层中的电荷（设想集中在距表面 $1/\kappa$ 处）构成一个球面电容器，ζ 电势即两球面间的电势差。根据球面电容器的电势与电荷间的关系，可得

$$\zeta = \frac{q}{4\pi\varepsilon r} - \frac{q}{4\pi\varepsilon\left(r + \dfrac{1}{\kappa}\right)} = \frac{q}{4\pi\varepsilon r(1 + k_r)} \tag{24-6}$$

式中 k_r 即粒子半径 r 与扩散层厚度（$1/\kappa$）之比。

对于球形粒子，胶粒较小时 $k_r < 0.1$，可忽略，于是有

$$\zeta = \frac{1.5\eta u}{\varepsilon\omega} \tag{24-7}$$

若粒子半径与扩散层厚度之比 $k_r > 100$，即双电层厚度与粒子表面的曲率半径相比小得多，胶体粒子表面可近似视为平面。假定界面处的电荷分布情况与处于介电常数为 ε 的液体中的平板电容器上的电荷分布情况类似，可推得

$$\zeta = \frac{\eta u}{\varepsilon\omega} \tag{24-8}$$

在静电单位制下，式(24-7)和式(24-8)可写为

$$\zeta = \frac{6\pi\eta u}{\varepsilon_r \omega} \tag{24-9}$$

$$\zeta = \frac{4\pi\eta u}{\varepsilon_r \omega} \tag{24-10}$$

式中 ε_r 是介质的相对介电常数，无量纲。

本实验是在一定外加电场强度下，通过测定 AgI 胶粒的电泳速度计算出其 ζ

电势：

$$\zeta = \frac{1.5\eta \cdot \dfrac{s}{t}}{\varepsilon \cdot \dfrac{U}{L}} \tag{24-11}$$

式中：s 为时间 $t(\mathrm{s})$ 内界面移动的距离(m)；L 为两电极间的距离(m)；U 为两电极间的电势差(V)。

三、实验仪器与试剂

(一)实验仪器

恒电位仪(附铂电极)、秒表、滴管、漏斗、直尺、U 形电泳管(图 24-3)或拉比诺维奇-付其曼 U 形电泳管(图 24-4)等。

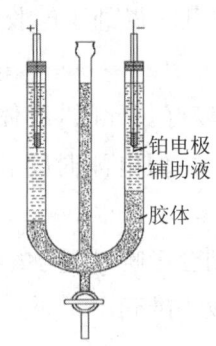

图 24-3　U 形电泳管示意图

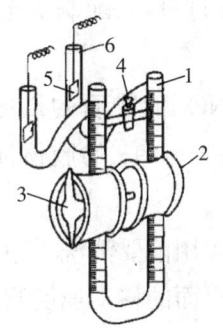

1—U 形管；2、3、4—活塞；5—电极；6—弯管。

图 24-4　拉比诺维奇-付其曼 U 形电泳管示意图

(二)实验试剂

KCl 溶液(0.005 mol/L)、$AgNO_3$ 溶液(0.01 mol/L)、KI 溶液(0.01 mol/L)等。

四、实验步骤

1. 负电 AgI 胶体的制备。在 400 mL 烧杯中加入 100 mL 0.01 mol/L KI 溶液，边搅拌边滴加 85 mL 0.01 mol/L $AgNO_3$ 溶液，即可得到淡黄色的 AgI 胶体。

实验操作演示

2. 负电 AgI 胶体 ζ 电势的测定。取制备好的 AgI 胶体 45 mL，将其从 U 形管中间管道注入电泳管底部；沿 U 形管左右两管的管壁缓慢加入等量的 0.005 mol/L KCl 溶液，至浸没电极，注意保持两相间的界面清晰。将铂电极轻轻插入 KCl 溶液中，切勿扰动液面。铂电极应保持垂直，两电极浸入液面的深度应相等。记下胶体液面的位置。

将两电极与 150 V 左右的恒压直流电源连接,按下电源键,开启直流电源,使电压一直稳定在同一数值,同时开始计时。2 min 左右记录一次两边界面的位置,共计 30 min 左右。当界面模糊不易读数时,停止通电。沿 U 形管中线量出两电极之间的距离,多次测量后取平均值。实验完毕,关闭电源,仔细清洗电泳管。

若使用拉比诺维奇-付其曼 U 形电泳管,具体操作步骤如下:用蒸馏水洗净电泳管后,用少量胶体洗一次,同时将制备好的胶体倒入电泳管中(图 24-4),使液面超过活塞 2、3。关闭这两个活塞,倒置电泳管,倾去多余的胶体,并用蒸馏水洗净活塞 2、3 上方的管壁。打开活塞 4,用辅助液冲洗一次后,再加入该溶液,使液面稍高于活塞 4,然后关闭活塞 4。插入铂电极,并连接好线路。

五、注意事项

1. 应该使 KI 过量,以配制负电胶体。$AgNO_3$ 过量时得到正电胶体,不适宜做电泳实验。

2. KI 与 $AgNO_3$ 的物质的量比在 100∶85 左右较好。此时,胶体颜色虽然较物质的量比为 100∶95 的胶体浅,不利于观察界面,但电泳时间和界面稳定性较适宜。

3. 电泳管在使用前要清洗干净,若残留电解质,则会影响 ζ 电势的测定。

4. 根据正极界面的移动速度测定胶体电泳速度较为准确。

5. 电泳的时间不宜超过 30 min。

6. 电位梯度一般为 6 V/cm 左右。

7. 加辅助液时,为了保持界面清晰,方便读数,可以撕两条滤纸贴在电泳管左右两壁上,确保滤纸底端距液面 1 cm 左右,用胶头滴管缓慢滴加辅助液润湿滤纸,使其紧贴管壁,然后慢慢沿着滤纸滴加辅助液,使辅助液顺着滤纸慢慢流下。滴加过程中,及时将滤纸条上移,保持滤纸底端距液面 1 cm 左右。

六、数据记录与处理

1. 根据电泳时间 t 与界面移动距离 s 求电泳平均速度。
2. 计算 ζ 电势。
3. 根据胶体电泳的现象确定胶粒所带电荷的符号。

七、思考题

1. 如果电泳管没有洗净,那么管壁上残留的微量电解质对电泳测定的结果有什么影响?
2. 电泳速度的快慢与哪些因素有关?

3. 说明影响实验准确性的主要因素。

4. 为什么要求辅助液与胶体的电导率相等？这对计算 ζ 电势有什么作用？

八、分析与讨论

1. 胶体粒子的电泳速度与粒子所带的电量及外加电势梯度成正比，而与介质的黏度及粒子的大小成反比。若胶体中加入电解质，则对电泳有显著的影响。随着外加电解质的增加，电泳速度常会降低，甚至变为零。胶体的电泳速度还与辅助液中电解质的种类、离子强度以及 pH、温度和所加的电压有关。两性电解质（如蛋白质）达到等电点时，粒子在外加电场中不移动，不出现电泳现象；而在等电点前后，粒子向相反的方向移动。

2. 电泳时，AgI 胶体下降界面的颜色较浅，不太清晰，移动速度快，上升界面则相反。这是因为，电泳开始后，AgI 胶粒在上升界面移动，Cl^- 则向下降界面移动，且 Cl^- 移动速度比 AgI 胶粒快。

3. 若实验采用 $Fe(OH)_3$ 胶体，则 $Fe(OH)_3$ 胶体用水解凝聚法制备，制备过程中所涉及的化学反应如下：

在沸水中加入 $FeCl_3$ 溶液：$FeCl_3 + 3H_2O \Longrightarrow Fe(OH)_3 + 3HCl$。 ②

胶体表面 $Fe(OH)_3$ 与 HCl 反应：$Fe(OH)_3 + HCl \Longrightarrow FeOCl + 2H_2O$。 ③

FeOCl 离解成 FeO^+ 和 Cl^-：$FeOCl \Longrightarrow FeO^+ + Cl^-$。 ④

胶团结构：$\{[Fe(OH)_3]_m \cdot nFeO^+ \cdot (n-x)Cl^-\}^{x+} \cdot xCl^-$。

具体操作步骤如下（水解凝聚法）：在 250 mL 烧杯中加入 150 mL 蒸馏水并加热至沸腾，在不断搅拌下滴加 8 mL 3% $FeCl_3$ 溶液，使溶液变成暗棕红色的 $Fe(OH)_3$ 胶体，然后对此胶体进行渗析，除去多余的电解质。

渗析时需按下列步骤做一个火棉胶袋：将 500 mL 锥形瓶洗净、烘干，将火棉胶液倒入锥形瓶，倾斜锥形瓶并慢慢地转动，使锥形瓶内均匀地涂上一层胶液，然后倒出火棉胶液。火棉胶干后（不粘手），从瓶口剥离一小部分胶膜，从剥离口慢慢地加入蒸馏水，使胶袋逐渐与瓶壁剥离。取出胶袋，在蒸馏水中浸泡数小时。将上面制备的 $Fe(OH)_3$ 胶体倒入火棉胶袋，并悬挂在盛有蒸馏水的大烧杯中，每小时换一次蒸馏水，直至溶液中无 Cl^-（用 0.1 mol/L $AgNO_3$ 溶液检验）。

4. $Fe(OH)_3$ 胶体实验注意事项：

（1）在制作渗析用的火棉胶袋时，应把握加水的时间。如加水过早，则可能因胶膜中的溶剂未完全挥发，使胶膜呈乳白色，导致强度不足，无法使用。如加水过迟，则胶膜可能变干、变脆，不易取出且易破。

（2）胶体的制备条件和净化效果均影响电泳速度。制胶过程应控制好浓度、温度、搅拌速度和滴加速度。渗析时应控制水温，常搅动渗析液，勤换渗析液。这样制备得到的胶体胶粒大小均匀,胶粒周围的反离子分布趋于合理,基本形成热力学稳定态,测得的 ζ 电势准确,重复性好。

(3) 渗析后的胶体必须冷却至与辅助液大致相同的温度(室温),以保证两者所测得的电导率一致。

(4) 如果辅助液与胶体界面不清晰,可能是因为胶体纯化的程度低。通过向溶液中加入一定量的尿素,可以消除低分子物质的影响。

5. 胶粒 ζ 电势的计算通式可写为

$$\zeta = k_0 \frac{D\pi\eta u}{\varepsilon_r \omega} \tag{24-12}$$

式中:D 是纯数,其数值因 k_r 而异;k_0 因单位制而异,静电单位制中 $k_0=1$,国际单位制中 $k_0=1/(4\pi\varepsilon_0)$。其中:$\varepsilon_0$ 为真空介电常数,$\varepsilon_0=8.854\times10^{-12}$ F/m;ε_r 为电介质的相对介电常数,是纯数;$\varepsilon=\varepsilon_r\varepsilon_0$。$\zeta$ 电势在不同单位制下的具体计算形式见表 24-1。

表 24-1 不同单位制下 ζ 电势的具体计算形式

物理量	$\zeta = k_0 \dfrac{D\pi\eta u}{\varepsilon_r \omega}$	
	国际单位制	静电单位制
k_0	$\dfrac{1}{4\pi\varepsilon_0}$	1
$k_r<0.1, D=6$	$\zeta=\dfrac{1.5\eta u}{\varepsilon\omega}$	$\zeta=\dfrac{6\pi\eta u}{\varepsilon_r\omega}$
$k_r>100, D=4$	$\zeta=\dfrac{\eta u}{\varepsilon\omega}$	$\zeta=\dfrac{4\pi\eta u}{\varepsilon_r\omega}$

在不同单位制中各物理量的换算关系见表 24-2。

表 24-2 物理量的换算

物理量	国际单位制	换算因子	静电单位制
η	帕·秒	10	泊
u	米/秒	100	厘米/秒
ω	伏/米	3.34×10^{-5}	静电伏特/厘米

九、实验探究与拓展

1. 查阅文献,研究实验条件对实验结果的影响,提出优化后的实验方案。

2. $Fe(OH)_3$ 胶体的制备方法有化学凝聚法、胶溶法等。实验教材大多采用水解凝聚法,为了去掉多余的电解质杂质,需要进行较长时间的渗析纯化。用 $FeCl_3$ 溶液水解制备 $Fe(OH)_3$ 胶体的另一缺点是,$FeCl_3$ 溶液浓度过大或过小、滴加的速度过快、沸腾时间过短等,都可能使 $FeCl_3$ 水解不彻底,从而导致形成的 $Fe(OH)_3$ 胶粒太小或浓度太小。查阅文献,设计 $Fe(OH)_3$ 胶体制备与性质研究实验。

实验 25　黏度法测定水溶性高聚物的分子量

一、实验目的

1. 掌握乌氏黏度计测定黏度的原理和方法。
2. 测定右旋糖苷的黏均分子量。
3. 了解高聚物分子量和黏度的相关概念。

二、实验原理

(一)高聚物的分子量

高聚物是由单体分子经聚合反应或缩合反应合成的,由于聚合度不同,高聚物分子的分子量大多是不均一的,因此,高聚物的分子量为统计平均值。通常高聚物的分子量有如下几种:

数均分子量 $\overline{M_n}$:按数量统计的平均分子量,可用渗透压法、沸点升高法、冰点下降法或端基分析法等方法测得。

重均分子量 $\overline{M_w}$:按质量统计的平均分子量,可用光散射法等方法测得。

z 均分子量 $\overline{M_z}$:定义 z 量后,按 z 量统计的平均分子量,可用超离心法或凝胶色谱法等方法测得。

黏均分子量 $\overline{M_\eta}$:通常指用黏度法测得的平均分子量。

四者的关系一般是 z 均分子量＞重均分子量＞黏均分子量＞数均分子量。

(二)高聚物的黏度

黏度是指流体对流动所表现的阻力,这种力反抗液体中邻近部分的相对移动,可以看作一种内摩擦。黏度有绝对黏度、运动黏度、条件黏度和特性黏度。

绝对黏度:也称为动力黏度,是指液体以 1 cm/s 的流速流动时,在每平方厘米液面上所需切向力的大小,单位为 Pa·s。

运动黏度:流体的动力黏度与同温度下该流体密度之比,单位为 m^2/s。

条件黏度:在一定温度下,在一定仪器中,使一定体积的油品流出,以其流出时间或其流出时间与同体积水流出时间之比作为其黏度值。条件黏度又分为恩氏黏度、赛氏黏度和雷氏黏度。

恩氏黏度(Engler viscosity):油品在某温度下从恩氏黏度计中流出 200 mL 的时间与同样体积水在 20 ℃时流出的时间之比(°E)。恩氏黏度来源于德国,目前我国燃料油的质量标准仍用恩氏黏度作为指标。

赛氏黏度(Saybolt viscosity):60 mL 油品从赛氏黏度计中流出的时间(s),具体有赛氏通用黏度(Saybolt universal viscosity)和赛氏重油黏度(Saybolt furol viscosity)。美国习惯用赛氏通用黏度作为润滑油的指标。

雷氏黏度(Redwood viscosity):50 mL 油品从雷氏黏度计中流出的时间(s)。英国采用的是雷氏黏度。

几种黏度之间的近似比值为运动黏度:恩氏黏度:赛氏通用黏度:雷氏黏度=1:0.132:4.62:4.05。

(三)高聚物分子量与黏度的关系

在高聚物的稀溶液中,高聚物的黏度与分子量的经验关系式可用于计算高聚物的分子量(称为黏均分子量)。高聚物溶液的黏度是其流动过程中内摩擦的体现,主要来源于溶剂分子之间、溶质分子之间、溶质与溶剂分子之间的相互作用。高聚物溶液的黏度 η 比纯溶剂的黏度 η_0 大。溶液黏度与溶剂黏度之比称为相对黏度 η_r,反映溶液的黏度行为。

$$\eta_r = \frac{\eta}{\eta_0} \tag{25-1}$$

溶液黏度较溶剂黏度增加的分数称为增比黏度 η_{sp},反映扣除溶剂分子的内摩擦后,高聚物分子与溶剂分子之间、高聚物分子之间的内摩擦所表现出来的黏度,即

$$\eta_{sp} = \frac{\eta - \eta_0}{\eta_0} = \eta_r - 1 \tag{25-2}$$

增比黏度随溶液浓度 c 改变而改变,当溶液无限稀时,溶质分子之间的内摩擦可以忽略不计,只存在溶剂分子之间、溶质分子与溶剂分子之间的摩擦作用,η_{sp}/c 趋于固定极限值 $[\eta]$,记为

$$\lim_{c \to 0} \frac{\eta_{sp}}{c} = [\eta] \tag{25-3}$$

$[\eta]$ 称为特性黏度,可由 η_{sp}/c 对 c 作图求得(外推法)。$[\eta]$ 反映溶剂分子和高聚物分子之间的内摩擦效应,其值不仅取决于溶剂的性质,还取决于聚合物分子的形态和大小,是一个与聚合物分子量有关的量。其单位是浓度单位的倒数,大小因浓度表示方法而异。

随着高聚物的分子量增大,它与溶剂间的接触表面增大,摩擦力也就增大,表现出的特性黏度也增大。特性黏度和分子量之间的关系可用以下经验式表示:

$$[\eta] = K \overline{M_\eta}^\alpha \tag{25-4}$$

式中:$\overline{M_\eta}$ 为高聚物的黏均分子量;K 为比例常数;α 是与分子形状有关的经验参数。K 和 α 既与温度、聚合物、溶剂性质有关,也与分子量有关。K 受温度的影响较明显,而 α 主要取决于高分子线团在某温度下、某溶剂中的舒展程度,其数值介于 0.5 和 1 之间。黏度法本身不能确定 K 与 α 的数值,只能通过其他方法(如渗

透压法、光散射法等)来确定。

增比黏度、相对黏度与浓度之间的关系分别符合下述经验公式:

$$\frac{\eta_{sp}}{c} = [\eta] + K'[\eta]^2 c \tag{25-5}$$

$$\frac{\ln \eta_r}{c} = [\eta] - \beta[\eta]^2 c \tag{25-6}$$

分别以 η_{sp}/c、$(\ln \eta_r)/c$ 对 c 作图,当 $c=0$ 时,两直线交于一点,此时的纵坐标为 $[\eta]$,如图 25-1 所示。

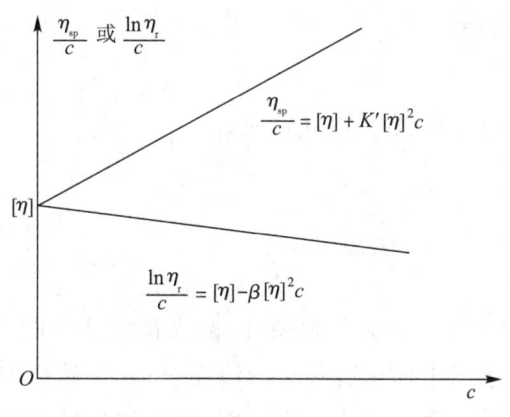

图 25-1　外推法求 $[\eta]$ 示意图

(四)高聚物黏度的测定

溶液黏度的测定用乌氏黏度计最为方便,但是该黏度计只适用于较低黏度的溶液。其测定原理是,液体在重力作用下流经黏度计中的毛细管时遵守泊肃叶方程:

$$\frac{\eta}{\rho} = \frac{\pi h g r^4 t}{8lV} - m\frac{V}{8\pi l t} \tag{25-7}$$

式中:η 是液体黏度;ρ 是液体密度;l 是毛细管长度;r 是毛细管半径;g 是重力加速度;t 是流出时间;h 是流经毛细管的液体平均液柱高度;V 是流经毛细管的液体体积;m 是用于毛细管末端校正的系数,当 $r/l \ll 1$ 时,可取 $m=1$。

对于指定的黏度计,设 $A = \pi h g r^4/(8lV)$,$B = V/(8\pi l)$,则式(25-7)可写成

$$\frac{\eta}{\rho} = At - m\frac{B}{t} \tag{25-8}$$

式中 $B<1$。当 $t>100$ s 时,等式右边第二项可以忽略。通常测定是在稀溶液($c<10$ g/L)中进行的,溶液与溶剂的密度近似相等,所以,一定量的液体流出毛细管的时间 t 与溶液黏度 η 近似成正比。因此,溶液的相对黏度可表示为

$$\eta_r = \frac{\eta}{\eta_0} = \frac{t}{t_0} \tag{25-9}$$

式中：t 是溶液的流出时间；t_0 是溶剂的流出时间。所以，只需要分别测定溶液和溶剂的流出时间，就可以得到溶液的相对黏度 η_r。

三、实验仪器与试剂

（一）实验仪器

乌氏黏度计、恒温槽、秒表、移液管（2 mL、5 mL、10 mL）、洗耳球、夹子、吸滤瓶（250 mL）、容量瓶（50 mL）、3 号砂芯漏斗、烧杯（50 mL）、锥形瓶（100 mL）、烘箱、电子天平、乳胶管等。

（二）实验试剂

右旋糖苷（分析纯）、铬酸洗液、超纯水等。

四、实验步骤

（一）溶液配制

用电子天平准确称取 0.5 g 右旋糖苷，倒入预先洗净的 50 mL 烧杯中，加入约 30 mL 超纯水，在水浴中加热溶解至溶液完全透明，然后取出烧杯。待溶液自然冷却至室温，将溶液转移至 50 mL 容量瓶中，并用超纯水定容至刻度。然后用预先洗净并烘干的 3 号砂芯漏斗过滤，装入 100 mL 锥形瓶中备用。

（二）黏度计洗涤

本实验使用的乌氏黏度计又称为气承悬柱式黏度计，它的最大优点是可以在黏度计中逐步稀释溶液，从而省去许多步骤，其构造如图 25-2 所示。A 管为储液管或稀释管，B 管为测定管，C 管为通气管。去掉 C 管后类似于奥氏黏度计，仍可以测定溶液黏度，不过测定方法与乌氏黏度计略有不同。

洗涤时先将洗液灌入黏度计中，并使其反复流过毛细管部分，然后将洗液倒入专用瓶中，再分别用自来水、超纯水洗涤干净。经常使用的黏度计应用超纯水浸泡，以去除留在黏度计中的高聚物。黏度计洗净后须烘干备用。

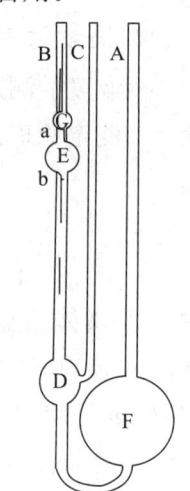

图 25-2　乌氏黏度计

黏度计洗涤通常由实验教师于课前完成，或者由上一组同学在实验结束后完成。

（三）溶液流出时间测定

1. 设置恒温槽的温度为 25 ℃，在黏度计的 C 管上套上乳胶管，然后将其垂直放入恒温槽，使水浸没 G 球。

2. 由黏度计 A 管加入 10 mL 步骤(一)中配制的溶液,恒温 10 min。用夹子夹住 C 管上端的乳胶管,使其不通大气,在 B 管口用洗耳球将液体从 F 球经 D 球、毛细管、E 球吸至 G 球中部。松开 C 管上的夹子,此时溶液顺毛细管流下,液面降至 a 线时按下秒表,至 b 线时停止计时。重复测定 3 次,偏差应小于 0.2 s,取其平均值。

3. 由黏度计 A 管依次加入 2 mL、3 mL、5 mL、10 mL 超纯水,每次加入后,用夹子夹住 C 管上端的乳胶管,使其不通大气,用洗耳球从 B 管吹气鼓泡,使溶液混合均匀,再用洗耳球在 B 管处抽洗黏度计 E 球和 G 球 2~3 次,使黏度计中各处溶液浓度相等。分别重复上述步骤 2,测定不同浓度溶液的流出时间。

(四)溶剂流出时间测定

用超纯水洗净黏度计,尤其要反复清洗黏度计的毛细管部分,然后由 A 管加入约 10 mL 超纯水,用同样的方法测定溶剂的流出时间。

五、注意事项

1. 做好本实验的关键:黏度计必须保持洁净(毛细管壁不挂水珠);恒温槽的温度要控制在设定温度±0.1 ℃ 以内;高聚物在溶剂中溶解缓慢,配制溶液时,要确保其完全溶解。如果高聚物中有絮状物,则不能将其转移至黏度计中。

2. 每加入一次溶剂,稀释时都必须将溶液混合均匀。

3. 黏度计必须垂直放置,使水浸没 G 球。实验过程中不要振动黏度计。

4. 黏度计洗涤、安放和使用过程中要小心,避免损坏。

5. 在溶液黏度的测定过程中,加入 10 mL 水后,液面可能高于 C 管的底端,导致测定结果偏大。混匀和抽洗黏度计 E 球和 G 球后,可由 A 管倒出一部分溶液再进行测定。

6. 若首次加入的 10 mL 溶液不足以抽到 G 球处,可以把首次加液量改为 15 mL 左右。

7. 其他高分子物质的分子量也可按本实验中方法测定,但计算时用到的常数 K 和 α 不同。

六、数据记录与处理

1. 将实验数据填入表 25-1。

表 25-1 实验数据记录与处理

项目		流出时间/s				η_r	η_{sp}	η_{sp}/c	$(\ln\eta_r)/c$
		t_1	t_2	t_3	$\bar{t}$				
溶剂	H_2O								
溶液	c_1								
	c_2								
	c_3								
	c_4								
	c_5								

2. 分别以 η_{sp}/c 和 $(\ln\eta_r)/c$ 对 c 作图,外推至 $c=0$,求出 $[\eta]$。

3. 根据式(25-4)求出黏均分子量,其中 $K=9.22\times10^{-2}$ cm^3/g, $\alpha=0.50$。

七、思考题

1. 乌氏黏度计的支管 C 有什么作用?本实验能否采用 U 型黏度计(去掉 C 管)?
2. 黏度计的毛细管粗细对实验结果有何影响?
3. 测定黏度时黏度计必须垂直放入恒温槽内,为什么?
4. 测定相对黏度时,可以不用同一根黏度计吗?
5. 评价黏度法测高聚物分子量的优缺点,指出影响测定结果准确性的因素。

八、分析与讨论

1. 最常用的毛细管黏度计有两种:一种是三管黏度计,即本实验采用的乌氏黏度计。其特点是溶液的流出时间与加入 F 球中待测液的体积无关,因而可以在黏度计中加入溶剂或溶液,改变待测液的浓度。另一种是二管黏度计,即奥氏黏度计。因为液体的流出时间与加入黏度计中的溶液的液面高度有关,所以,测定时标准液和待测液的体积必须相同。考虑到 $mV/(8\pi lt)$ 可以忽略,需选择毛细管长度、直径和 E 球大小适宜的黏度计,使流出的时间大于 100 s,以 120 s 左右为宜。但毛细管也不宜太细,否则测定时容易堵塞黏度计。黏度计使用完毕,应立即清洗,防止聚合物黏结,堵塞毛细管。清洗后,应在黏度计内注满超纯水并加塞,防止落入灰尘。

2. 特性黏度的单位与浓度的单位互为倒数,但相关文献和实验教材中所用的单位不完全相同,因此 $[\eta]=K\bar{M}_\eta^\alpha$ 中常数 K 的数量级不同。参数 K 的单位与 $[\eta]$ 相同,而参数 α 则无量纲。注意:即使对于同一聚合物,在不同的温度和溶剂条件下，K 及 α 的数值也不同。

3. 高聚物分子链在溶液中表现出的一些行为会影响 $[\eta]$ 的测定。

（1）聚电解质行为：某些高分子链的侧基可以电离，电离后的高分子链有相互排斥作用，η_{sp}/c 随 c 减小而增大。对此，通常可以加入少量小分子电解质作为抑制剂，即利用同离子效应加以抑制。如测定聚丙烯酰胺的黏均分子量时加入 $NaNO_3$ 稀溶液。

（2）高聚物的降解：某些高聚物在溶液中会发生降解，使测得的 $[\eta]$ 和分子量偏低。对此，可加入少量抗氧剂加以抑制，或用现配的高分子溶液。

4. η_{sp}/c 或 $(\ln\eta_r)/c$ 与 c 不呈线性关系的原因。

（1）温度的波动：一般而言，对于不同的溶剂和高聚物，温度的波动对黏度的影响不同。溶液黏度与温度的关系可以用 $\eta = A\exp(B/RT)$ 表示。式中：A 与 B 对于给定的高聚物和溶剂是常数；R 为摩尔气体常数；温度 T 在指数项中，要求恒温槽具有较高的控温精度。

（2）溶液的浓度：随着溶液浓度增大，高聚物分子链之间的距离逐渐缩短，分子链间的作用力增大。当溶液浓度超过一定限度时，η_{sp}/c 或 $(\ln\eta_r)/c$ 与 c 不呈线性关系。通常选用 η_r 为 $1.2\sim 2.0$ 的浓度范围。

（3）测定过程中，毛细管垂直度发生改变或微粒杂质局部堵塞毛细管等都会影响流出时间，造成线性关系的偏离。

5. 作图过程中异常现象的处理。

在特性黏度的计算过程中，有时会出现当两条线外推到 $c=0$ 时，在纵坐标轴上不相交于一点的异常现象。具体原因尚无法解释清楚，只能作近似处理。

（1）$\eta_{sp}/c = [\eta] + K'[\eta]^2 c$ 的物理意义明确。其中，K' 和 η_{sp}/c 与高聚物结构（如高聚物的多分散性及高分子链的支化等）、形态有关。

（2）$(\ln\eta_r)/c = [\eta] - \beta[\eta]^2 c$ 的含义不太明确。

因此，当作图时出现如图 25-3 所示的异常现象时，通常根据 η_{sp}/c 与 c 的关系来计算高聚物溶液的特性黏度 $[\eta]$。

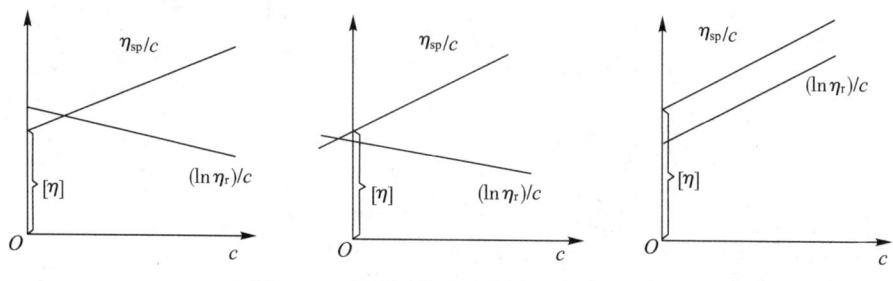

图 25-3　作图过程中的异常现象示意图

九、实验探究与拓展

黏度法是测定高分子化合物分子量的一种简单易行的方法。但是,测定过程中有许多因素会对实验结果产生影响。例如,计时方法、数据的处理等都会影响实验结果的精密度和精确度。查阅文献,设计实验方案进行研究。

第6章 结构化学实验

实验26 五水硫酸铜水合结构的测定

一、实验目的

1. 掌握差热分析基本原理和测定方法。
2. 了解差热分析仪的构造,掌握操作方法,绘制五水硫酸铜的差热曲线。
3. 掌握差热曲线的处理方法,对实验结果进行分析。

二、实验原理

(一)差热分析

差热分析(differential thermal analysis,DTA)法是一种重要的热分析方法,是指在程序控温(用固定的速率加热或冷却)条件下,测定物质和参比物的温度差与温度(或时间)的关系的技术。物质加热或冷却过程中,达到特定温度时,会产生物理或化学变化,同时产生吸热或放热现象。在升温或降温过程中发生的相变是一种物理变化。一般来说,由固相转变为液相或气相的过程是吸热过程;而相反的相变过程则为放热过程。在各种化学变化中,失水、还原、分解等反应一般为吸热过程;而水化、氧化和化合等反应则为放热过程。利用这一特点,通过对温差和相应的特征温度进行分析,可以鉴别物质,研究转化温度、热效应等物理化学性质;结合其他测试手段,可对物质的组成、结构或产生热效应的变化过程等进行深入的研究。该法广泛应用于硅酸盐、陶瓷、矿物金属、航天耐温材料等领域,是高分子聚合物如玻璃钢等材料进行热分析的重要方法。

(二)差热曲线

当给予试样和参比物同等热量时,因两者对热的吸收不同,其升温情况必然不同,通过测定两者的温度差可以达到分析目的。以参比物与试样间温度差为纵坐标,以温度为横坐标绘制的曲线,称为差热曲线(DTA曲线)。

在差热分析中,为检测这种微小的温差变化,一般选用温差热电偶。温差热电偶由两种不同的金属丝制成,通常用镍铬合金或铂铑合金,其两端分别通过电弧焊接与等粗的铂丝连接。在作差热分析时,分别将与参比物等量、等粒级的粉末状样品放在两个坩埚内,坩埚的底部分别与温差热电偶的两个焊接点接触。与两个坩埚等距离等高处装有测定加热炉温度的测温热电偶,它们的两端分别接入记录仪的回路。在等速升温过程中,温度和时间呈线性关系,即升温速率的变化比较稳定,便于准确地确定样品变化时的温度。如果样品在某一温度区间没有任何变化,既不吸热,也不放热,则温差热电偶的两个焊接点上不产生温差,差热图谱显示为一条直线,称为基线。如果样品在某一温度区间产生热效应,则在温差热电偶的两个焊接点上产生温差,从而在温差热电偶两端产生热电势差。热电势差经信号放大后进入记录仪,导致差热图谱偏离基线,变化过程结束后又回到基线。吸热和放热效应所产生的热电势差变化方向是相反的,所以,这些变化在差热曲线图谱上表现为基线上下两侧的偏移。热电势差的大小除与样品的数量成正比外,还与物质本身的性质有关。

差热分析测定采用双笔记录仪记录温度差和温度,而以时间作为横坐标就得到 $\Delta T\text{-}t$ 和 $T\text{-}t$ 两条曲线。图 26-1 为理想条件下(试样和参比物的比热容、导热系数和质量等相同)的差热分析曲线。显然,根据 $T\text{-}t$ 曲线,很容易确定差热分析曲线上各点的对应温度。

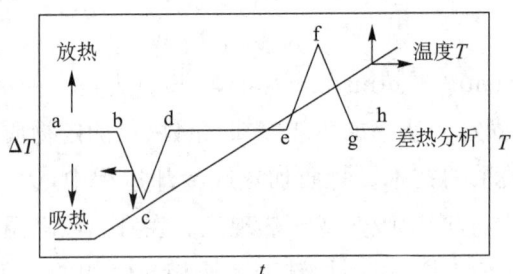

图 26-1 理想条件下的差热分析曲线

如果参比物和试样的热容大致相同,而试样无热效应,两者的温度基本相同,此时得到的是一条平滑的直线(基线),如图中的 ab、de、gh 段所示。一旦试样发生变化,产生了热效应,差热分析曲线上就会出现峰,如 bcd 段和 efg 段。热效应越大,峰的面积越大。差热分析中通常还规定,峰顶向上的峰为放热峰,表示试样的焓变小于零,其温度将高于参比物;相反,峰顶向下的峰为吸热峰,表示试样的温度低于参比物。

(三)差热曲线分析

差热曲线直接提供的信息有峰的数目、位置、方向、面积、形状等。差热曲线图谱中峰的数目表示试样在测定温度范围内发生变化的次数;峰的位置表示发生转化的温度范围;峰的方向指示变化过程是吸热还是放热;峰的面积反映热效应大小(在相同测定条件下)。通过分析差热曲线中峰的方向和面积,可得到变化过程的热效应类型(吸热或放热)以及热量的数值等信息。峰高、峰宽及对称性除与测定条件有关外,还与试样变化过程的动力学因素有关。根据这些数据,不仅可以对物质进行定性和定量分析,还可以研究变化过程的动力学。

曲线上峰的起始温度是实验条件下仪器能够检测到的曲线开始偏离基线的温度。根据规定,该起始温度应是峰前缘斜率最大处的切线与外推基线的交点所对应的温度。若不考虑不同仪器的灵敏度不同等因素,则外推起始温度 T_e 比峰温 T_p 更接近热力学平衡温度。因此,规定以 T_e 作为反应的起始温度,用于表征某一特定物质。

T_e 的确定方法如图 26-2 所示。图 26-2 中(a)为正常情况下测得的曲线,其 T_e 由两曲线的外延交点确定,峰面积为基线以上的阴影部分。然而,试样与参比物以及中间产物的物理性质不尽相同,而且测定过程中可能发生体积改变等,基线可能发生漂移,甚至一个峰的前后基线也不在一条基线上。在这种情况下,T_e 的确定需细心、谨慎,而峰面积可参照图 26-2(b)进行计算。

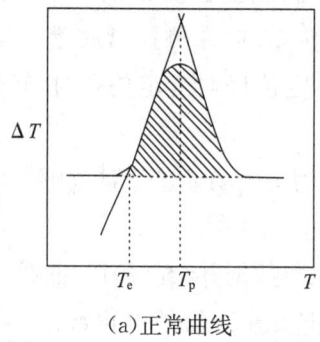 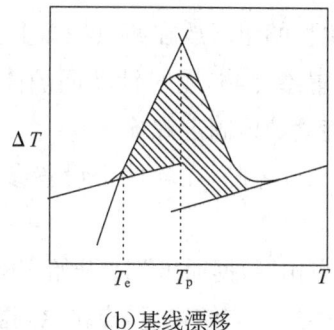

(a)正常曲线　　　　　　　　　　(b)基线漂移

图 26-2　差热峰位置和面积的确定

由差热曲线获得的重要信息之一是峰面积。峰面积和变化过程的热效应有着直接联系,而热效应的大小又取决于试样的质量。斯贝尔指出,峰面积与相应过程的焓变成正比:

$$A = \int_{t_1}^{t_2} \Delta T \mathrm{d}t = \frac{m\Delta H}{g\lambda_S} = Km\Delta H = KQ \tag{26-1}$$

式中:A 为差热曲线上的峰面积;t_1、t_2 分别为峰的起始、终止时间;ΔT 为时间 $\mathrm{d}t$ 内试样与参比物的温差,由实验测得的差热峰直接得到;m 是试样质量;λ_S 是试样的导热系数;g 是重力加速度;K 是系数。已知峰面积后,即可求得试样的热效应 Q 和焓变 ΔH。

三、实验仪器与试剂

（一）实验仪器

ZCR-Ⅲ差热分析仪、坩埚等。

（二）实验试剂

$\alpha\text{-}Al_2O_3$（分析纯）、$CuSO_4 \cdot 5H_2O$（分析纯）等。

差热分析仪的组成与应用　实验操作演示

四、实验步骤

1. 称样。准确称量约 10 mg 参比物（煅烧后的 $\alpha\text{-}Al_2O_3$）和试样（$CuSO_4 \cdot 5H_2O$）并记录数据，分别置于两个坩埚内。

2. 开通冷却水，打开差热分析仪，预热 20 min。

3. 旋松炉体固定螺栓，双手轻轻地向上托取炉体至最高点后（右定位杆脱离定位孔），将炉体沿逆时针方向推移到底（90°），露出托盘，分别用镊子将装有试样、参比物的坩埚放在两只托盘上。以炉体正面为基准，左侧托盘放置试样，右侧托盘放置参比物，顺时针转回炉体（90°），当炉体定位杆对准定位孔时，轻轻放下炉体，旋紧炉体固定螺栓。

4. 打开电脑，在软件中设置参数：升温速率为 5 ℃/min，升温范围为室温至 400 ℃。

5. 点击"数据通讯"中"开始实验"，软件开始采集数据并绘制 DTA 曲线。

6. 图形绘制结束后，点击"数据通讯"中"停止实验"，软件停止数据采集和图形绘制。

7. 点击"数据处理"中"基线校正"或"多段基线校正"，对 DTA 曲线进行基线校正；点击"数据处理"中"外推始点"，求 DTA 曲线峰的外推始点和峰值；点击"数据处理"中"DTA 面积"，求 DTA 峰的面积。保存并打印实验得到的图形和必要数据。

8. 实验完毕，关闭差热分析仪电源和差热分析炉冷却水开关。

9. 取出炉体中的坩埚，冷却至室温，回收参比物，对试样称重并记录数据。

五、注意事项

1. 传感器插入插座时应对准槽口插入，推上锁紧箍至锁紧；卸下时，将锁紧箍后拉即可卸下。

2. 本实验中，$CuSO_4 \cdot 5H_2O$ 试样需研磨，至粒度与参比物 $\alpha\text{-}Al_2O_3$ 接近（200目），两者在坩埚内填装的紧密程度应基本相同。

3. 不同仪器对坩埚位置的要求不同,本实验所用仪器要求装有试样的坩埚必须放在左侧托盘上,装有参比物的坩埚必须放在右侧托盘上。

4. 必须先通冷却水,再接通电源,以免损坏加热电炉。

5. 用镊子取放坩埚时要轻拿轻放,不可把样品弄翻(样品撒入托盘内会造成仪器无法使用)。托、放炉体时不得挤压、碰撞放坩埚的托架(该托架实际是测温探头,价格昂贵,损坏后无法修复)。

6. 炉管的位置应调整至炉膛中心。若炉管偏离炉膛中心位置,可能影响炉子的加热线性。

7. 实验完毕,坩埚不要丢弃,可反复使用。

六、数据记录与处理

1. 根据仪器配套软件生成的图形,求试样失水峰的外推起始温度。

2. 根据峰面积的比值,判断每个峰对应的失水个数。

3. 根据失水前后试样的质量,求试样的失水率。

七、思考题

1. 差热分析法和步冷曲线法有何异同?

2. 如何选择参比物?常用的参比物有哪些?

3. 为什么加热过程中即使试样未发生变化,差热曲线仍会出现基线漂移?

4. 为什么要控制升温速率?升温过快或过慢有何后果?

5. 在什么情况下,升温过程与降温过程所得到的差热分析结果相同?在什么情况下,只能采用升温或降温方法?

6. 差热曲线的形状与哪些因素有关?影响差热分析结果的因素有哪些?

八、分析与讨论

1. 影响差热分析曲线的若干因素。热效应所对应的峰的位置和方向反映物质变化的本质,其宽度、高度和对称性除与测定条件有关外,还取决于试样变化过程的各种动力学因素。实际上,峰的确切位置还受变温速率、试样质量、粒度大小等因素影响。

在完全相同的条件下,大部分物质的差热分析曲线都具有特征性。因此,可通过与已知物谱图对比来对样品进行鉴别。通常,谱图上要详细标明实验操作条件。除特殊情况外,绝大部分差热分析曲线是按程序控制升温方式测定的。至于具体实验条件的选择,一般可以从以下几个方面考虑。

(1) 参比物是测定的基准。在整个测定温度范围内,参比物应保持良好的热稳定性,即参比物自身不会因加热而产生任何热效应。另外,要得到平滑的基线,参比物的热容、导热系数、粒度、装填疏密程度应尽可能与试样接近。常用的参比物有 $\alpha\text{-}Al_2O_3$、MgO、石英砂和 Ni 等。为了确保参比物对热稳定,使用前应先经高温灼烧。

(2)升温速率对测定结果的影响十分明显。一般来说,升温过快时,基线漂移较明显,峰型比较尖锐,但分辨率较差,峰的位置会向高温方向偏移。通常设定升温速率为 $2\sim20\ \text{℃/min}$。

(3)差热分析结果也与试样所处气氛和压力有关。例如:碳酸钙、氧化银的分解温度分别受气氛中的二氧化碳和氧气分压影响;液体的沸点或泡点与外界压力有关;某些试样或其热分解产物还可能与周围的气体发生反应。因此,应根据情况选择适当的气氛和压力。常用的气氛为空气、氮气,有时将系统抽成真空。

(4)试样的预处理及用量。一般非金属固体试样应研磨成 200 目左右的细微颗粒,这样可以减少死空间,改善导热条件。但过度研磨有可能破坏晶体的晶格,阻碍分解后气体产物的排出。样品用量与仪器灵敏度有关,如果试样过多,必然存在温度梯度,使峰形变宽,甚至导致相邻峰相互重叠而使分辨率降低。如果样品量过少或易烧结,可向其中掺入一定量的参比物。

(5)坩埚材料的选择。通常要求坩埚导热性好,并且在实验过程中与试样、中间产物、产物、气氛等都不发生反应,也不起催化作用。陶瓷是最常用的坩埚材质。另外,盛放试样和参比物的坩埚材料不仅要求材质相同,而且质量和形状也应尽量相近。

2.差热分析法的局限性。

(1)试样产生热效应时,升温过程非线性,使校正系数 K 值发生变化,难以进行定量计算。

(2)试样产生热效应时,参比物、环境温度、试样三者之间存在热交换,降低了热效应测定的灵敏度和精确度。

基于以上两个缺点,DTA 只能进行定性或者半定量分析。

九、实验探究与拓展

1.结合 X 射线衍射法分析五水硫酸铜的晶体结构,结合热重法分析五水硫酸铜失结晶水的过程和热量损失的过程,以及五个结晶水的结合环境和稳定性。

2.设计实验,研究五水硫酸铜颗粒大小以及升温速率等条件对实验结果的影响。

3.查阅文献,探讨如何根据实验结果获得五水硫酸铜脱水过程的热力学数据(熵、焓、自由能等)和动力学数据(活化能和指前因子等)。

实验 27 络合物磁化率的测定

一、实验目的

1. 掌握古埃磁天平测定物质磁化率的基本原理和实验方法。
2. 测定三种络合物的磁化率,推算其不成对电子数,判断其配键类型。

二、实验原理

(一)磁化率

在外磁场的作用下,物质会被磁化并产生附加磁感应强度,物质内部的磁感应强度为

$$B = B_0 + B' = \mu_0 H + B' \tag{27-1}$$

式中:B_0 为外磁场的磁感应强度(国际单位是特斯拉 T,过去习惯使用的单位是高斯 G,$1T = 10^4 G$);B' 为物质磁化产生的附加磁感应强度;H 为外磁场强度;μ_0 为真空磁导率,$\mu_0 = 4\pi \times 10^{-7} N/A^2$。

物质的磁化可用磁化强度 M 来描述。M 是一个矢量,它与磁场强度成正比:

$$M = \chi H \tag{27-2}$$

式中 χ 为物质的体积磁化率,是物质的一种宏观磁性。B' 与 M 的关系为

$$B' = \mu_0 M = \chi \mu_0 H \tag{27-3}$$

将式(27-3)代入式(27-1),得

$$B = (1+\chi)\mu_0 H = \mu \mu_0 H \tag{27-4}$$

式中 μ 为物质的(相对)磁导率。

化学上常用单位质量磁化率 χ_m 或摩尔磁化率 χ_M 来表示物质的磁性:

$$\chi_m = \frac{\chi}{\rho} \tag{27-5}$$

$$\chi_M = M\chi_m = \frac{M\chi}{\rho} \tag{27-6}$$

式中:ρ 为物质的密度;M 为物质的摩尔质量。χ 无量纲,χ_m 的单位是 m^3/kg,χ_M 的单位是 m^3/mol。

(二)物质的磁性

物质的磁性与组成它的原子、离子或分子的微观结构有关。物质在外磁场作用下的磁化现象有三种:

第一种情况是物质本身并不呈现磁性,但由于其内部的电子轨道运动在外磁场作用下会产生拉莫尔进动,感应出一个诱导磁矩,表现为一个附加磁场,磁矩的

方向与外磁场方向相反,其磁化强度与外磁场强度成正比,且随着外磁场的消失而消失。这类物质称为逆磁性物质,其 $\mu<1$,$\chi_M<0$。

第二种情况是物质的原子、分子或离子本身具有永久磁矩 μ_m,由于热运动,永久磁矩指向各个方向,故该磁矩的统计值等于零。但在外磁场作用下,一方面永久磁矩会顺着外磁场方向排列,其磁化方向与外磁场方向相同,其磁化强度与外磁场强度成正比;另一方面物质内部的电子轨道运动也会产生拉莫尔进动,其磁化方向与外磁场方向相反。因此,这类物质在外磁场作用下表现的附加磁场是上述两者共同作用的结果。具有永久磁矩的物质称为顺磁性物质。显然,此类物质的摩尔磁化率 χ_M 是摩尔顺磁磁化率 χ_μ 和摩尔逆磁磁化率 χ_0 之和:

$$\chi_M = \chi_\mu + \chi_0 \tag{27-7}$$

但由于 $\chi_\mu \gg |\chi_0|$,顺磁性物质的 $\mu>1$,$\chi_M>0$,可以把 χ_M 近似为 χ_μ,即

$$\chi_M \approx \chi_\mu \tag{27-8}$$

第三种情况是物质的磁化强度与外磁场强度不成正比,随外磁场强度增大而增大。当外磁场消失时,这种物质的磁性并不消失,呈现出滞后现象,这种物质称为铁磁性物质。

(三)分子磁矩与磁化率

假定分子间无相互作用,应用统计力学的方法,可以导出摩尔顺磁磁化率 χ_μ 和永久磁矩 μ_m 之间的定量关系:

$$\chi_\mu = \frac{L\mu_m^2 \mu_0}{3kT} = \frac{C}{T} \tag{27-9}$$

式中:L 为阿伏加德罗常数;k 为玻耳兹曼常数;T 为热力学温度。物质的摩尔顺磁磁化率与热力学温度成反比,是皮埃尔·居里在实验中首先发现的,称为居里定律,式(27-9)中 C 称为居里常数。

将式(27-9)代入式(27-8),得

$$\chi_M = \chi_0 + \frac{L\mu_m^2 \mu_0}{3kT} \approx \frac{L\mu_m^2 \mu_0}{3kT} \tag{27-10}$$

该式将物质的宏观物理性质(χ_M)和微观物理性质(μ_m)联系起来。只要将实验测得的 χ_M 代入式(27-10),就可计算永久磁矩 μ_m。

物质的永久磁矩 μ_m 和它所包含的未成对电子数 n 的关系可用下式表示:

$$\mu_m = [n(n+2)]^{1/2} \mu_B \tag{27-11}$$

式中 μ_B 为玻尔磁子,其物理意义是单个自由电子自旋所产生的磁矩:

$$\mu_B = \frac{eh}{4\pi m_e} = 9.274078 \times 10^{-24} \text{J/T} \tag{27-12}$$

式中:h 为普朗克常数;m_e 为电子质量。

(四)磁化率与分子结构

物质的顺磁性来自与电子的自旋相联系的磁矩。电子有两个自旋状态。如

果原子、分子或离子中两个自旋状态的电子数不相等,那么该物质在外磁场中呈现顺磁性。由于每个轨道上不能存在两个自旋状态相同的电子(泡利不相容原理),因此各个轨道上成对电子自旋所产生的磁矩是相互抵消的,只有存在未成对电子的物质才具有永久磁矩,在外磁场中表现出顺磁性。

通常认为,络合物可分为电价络合物和共价络合物两种。电价络合物是通过中央离子与配位体之间的静电库仑力结合起来的,以这种方式结合起来的化学键称为电价配键。在这种络合物中,中央离子的电子结构不受配位体的影响,基本上保持自由离子的电子结构。共价络合物则是指中央离子的空的价电子轨道接受配位体的孤对电子,从而形成共价配键。在这种络合物中,中央离子为了尽可能多成键,往往会发生电子重排,以腾出更多空的价电子轨道来容纳配位体的电子对。

Fe^{2+} 在自由离子状态下的外层电子组态如图 27-1 所示。当 Fe^{2+} 与 6 个 H_2O 形成络离子 $[Fe(H_2O)_6]^{2+}$ 时,中央离子 Fe^{2+} 仍然保持自由离子状态下的电子组态,故此络合物是电价络合物。当 Fe^{2+} 与 6 个 CN^- 形成络离子 $[Fe(CN)_6]^{4-}$ 时,Fe^{2+} 的电子发生重排,如图 27-2 所示。Fe^{2+} 的 3d 轨道上原来未成对的电子重新配对,腾出 2 个 3d 空轨道,再与 4s 和 4p 轨道进行 d^2sp^3 杂化,构成以 Fe^{2+} 为中心的指向正八面体各个顶角的 6 个空轨道,以此来容纳 6 个 CN^- 中 C 原子的孤对电子,形成 6 个共价配键,如图 27-3 所示。

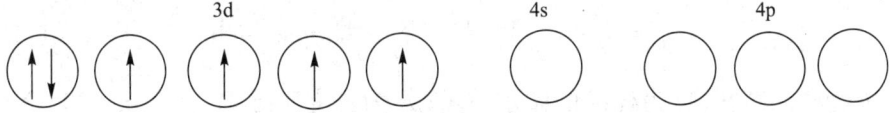

图 27-1　Fe^{2+} 在自由离子状态下的外层电子组态

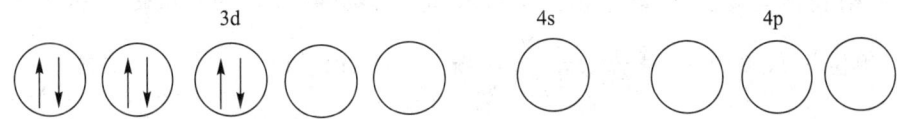

图 27-2　Fe^{2+} 外层电子重排

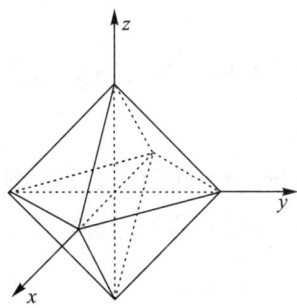

图 27-3　$[Fe(CN)_6]^{4-}$ 中 6 个共价键的相对位置

一般认为,当中央离子与配位体之间的电负性相差很大时,容易生成电价配键;当中央离子与配位体之间的电负性相差很小时,则生成共价配键。

(五)古埃磁天平测定磁化率

古埃磁天平的特点是结构简单,灵敏度高。用古埃磁天平测定物质磁化率时,将装有样品的圆柱状玻璃管悬挂在天平上,使样品底部处于电磁铁两极的中心,即处于磁场强度最大的区域。因样品的顶端离磁场中心较远,磁场强度很弱,故整个样品处于一个非均匀的磁场中。由于沿样品轴心方向 z 存在一磁场强度梯度 $\partial H/\partial z$,样品沿 z 方向受到磁力 $\mathrm{d}F$ 的作用。

$$\mathrm{d}F = \chi\mu_0 A H \frac{\partial H}{\partial z}\mathrm{d}z \tag{27-13}$$

式中 A 为柱形样品的截面积,即圆柱状玻璃管的内截面面积。对于顺磁性物质,作用力指向场强最大的方向;对于反磁性物质,则指向场强最弱的方向。若不考虑样品管周围介质的影响,对式(27-13)积分可得到作用在整个样品管上的力:

$$F = \frac{1}{2}\chi\mu_0 A H^2 \tag{27-14}$$

式中 F 可以根据施加磁场前后的样品质量差求出,即 $F=(\Delta m_{样品+空管}-\Delta m_{空管})g$。$\Delta m_{样品+空管}$ 为样品管加样品在施加磁场前后的质量差;$\Delta m_{空管}$ 为空样品管在施加磁场前后的质量差;g 为重力加速度。代入式(27-6),可得

$$\chi_M = \frac{M\chi}{\rho} = \frac{2(\Delta m_{样品+空管}-\Delta m_{空管})ghM}{\mu_0 m H^2} \tag{27-15}$$

式中:h 为样品高度;M 为样品的摩尔质量;μ_0 为真空磁导率,$\mu_0 = 4\pi \times 10^{-7} \mathrm{N/A^2}$;$m$ 为样品的质量,$m=\rho h A$;H 为磁极中心磁场强度。

在精确测定过程中,通常用莫尔盐来标定磁场强度,它的质量磁化率 χ_m 与温度 T(单位为K)的关系为 $\chi_m = \frac{9500}{T+1}\times 4\pi \times 10^{-6}\ \mathrm{cm^3/g}$。

三、实验仪器与试剂

(一)实验仪器

CTP-Ⅰ型古埃磁天平、玻璃样品管、研钵、角匙、小漏斗、玻璃棒等。

(二)实验试剂

莫尔盐[$(NH_4)_2SO_4 \cdot FeSO_4 \cdot 6H_2O$]、七水合硫酸亚铁($FeSO_4 \cdot 7H_2O$)、三水合亚铁氰化钾[$K_4Fe(CN)_6 \cdot 3H_2O$],均为分析纯。

四、实验步骤

(一)调试仪器

1. 将特斯拉计的霍尔探头放在两磁极的中心架上,套上保护套,调节特斯拉计示数为零。

2. 取下霍尔探头上的保护套,把霍尔探头平面垂直置于磁场两极中心。打开电源,调节"调节旋钮",使电流平稳、缓慢上升,至特斯拉计示数约为 350 mT。记下此时的电流值,以后每次测定时都调节至同一电流,确保特斯拉计示数相同。

3. 调节霍尔探头上下、左右位置,使特斯拉计读数最大(此时霍尔探头的位置为最佳位置),然后将有机玻璃螺丝拧紧。

4. 将电子天平调至零点。

(二)用莫尔盐标定磁场强度

用已知 χ_M 的莫尔盐标定对应励磁电流值的磁场强度,标定步骤如下:

1. 取一支洁净、干燥的空样品管,悬挂在古埃磁天平的挂钩上,通过调节连接线的长度,调节样品管的高度,使其底部与两磁极的中心线(特斯拉计示数最大的位置)平齐。确保样品管垂直,与两磁极的距离尽量相等(不要与磁极接触)。调节两磁极间的距离(约为 2 cm)。准确称量空样品管质量 $m_{空管}(0)$;然后打开励磁稳流电流开关,由小到大缓慢调节励磁电流至特斯拉计示数 H_1 为 300 mT,迅速且准确地称量此时空样品管的质量 $m_{空管}(300\ mT)$;继续由小到大调节励磁电流至特斯拉计示数 H_2 为 350 mT,称量空样品管质量 $m_{空管}(350\ mT)$;继续将励磁电流缓升至特斯拉计示数为 400 mT,接着将励磁电流缓降至特斯拉计示数为 350 mT,称量空样品管质量 $m'_{空管}(350\ mT)$;再将励磁电流降至特斯拉计示数为 300 mT,称量空样品管质量 $m'_{空管}(300\ mT)$。称量完毕,将励磁电流降至零,断开电源开关。

2. 取下样品管,将事先研细的莫尔盐通过小漏斗装入样品管,在装填时须不断用样品管底部敲击木垫,务必使粉末样品均匀填实,直至装满(约 10 cm 高)。用直尺准确测定样品高度。将装有莫尔盐的样品管置于古埃磁天平中,参照步骤 1 中方法在特斯拉计示数为 300 mT、350 mT 的条件下进行测定,记下质量。

3. 测定完毕,将样品管中的莫尔盐倒入回收瓶中,然后洗净样品管,干燥备用。

(三)测定 $FeSO_4·7H_2O$ 和 $K_4Fe(CN)_6·3H_2O$ 的摩尔磁化率

用同一样品管装待测样品,按第(二)步中步骤 2 和 3 测定摩尔磁化率。

五、注意事项

1. 样品管要保持洁净、干燥。

2. 样品要研磨成均匀细粉,装在样品管内的样品要均匀紧密、上下一致、端面平整,高度测定要准确。样品要与标样保持相同的填充高度。

3. 样品管的底部要位于磁极极缝的中心,与磁极两端的距离相等。

4. 用天平称量时,必须关上磁极架外面的玻璃门,以免空气流动对称量产生影响。勿使样品管与磁极碰撞。

5. 励磁电流的变化应平稳、缓慢,调节电流时不宜用力过大。施加或移除磁场时,勿改变永磁体在磁极架上的位置及磁矩,磁场强度应保持前后一致。

6. 测定磁化率过程中应使用同一个样品管。

六、数据记录与处理

1. 将实验数据填入表27-1~表27-4。

表27-1 实验数据记录表1

序号		1	2	3	4	5
特斯拉计示数/mT		0	300	350	350	300
$m_{空管}$/g						
$m_{样品+空管}$/g	莫尔盐					
	$FeSO_4 \cdot 7H_2O$					
	$K_4Fe(CN)_6 \cdot 3H_2O$					

表27-2 实验数据记录表2

样品	莫尔盐	$FeSO_4 \cdot 7H_2O$	$K_4Fe(CN)_6 \cdot 3H_2O$
摩尔质量/(g/mol)			
质量/g			
高度/cm			

表27-3 实验数据处理结果记录表1

特斯拉计示数/mT	$\Delta m_{空管}$	$\Delta m_{样品+空管}$		
		莫尔盐	$FeSO_4 \cdot 7H_2O$	$K_4Fe(CN)_6 \cdot 3H_2O$
300				
350				

表 27-4　实验数据处理结果记录表 2

	摩尔磁化率/(10^{-9} m³/mol)			μ_m/(10^{-24} A·m²)	n
	χ_M(300 mT)	χ_M(350 mT)	$\overline{\chi_M}$		
$FeSO_4 \cdot 7H_2O$					
$K_4Fe(CN)_6 \cdot 3H_2O$					

2. 将莫尔盐摩尔磁化率和相关实验数据代入式(27-15)，计算相应励磁电流下的磁场强度。

3. 将 $FeSO_4 \cdot 7H_2O$ 和 $K_4Fe(CN)_6 \cdot 3H_2O$ 的数据代入式(27-15)，计算 χ_M(300 mT)和 χ_M(350 mT)，取平均值$\overline{\chi_M}$，再根据式(27-10)和式(27-11)算出所测样品的 μ_m 和未成对电子数 n。

4. 根据未成对电子数，讨论 $FeSO_4 \cdot 7H_2O$ 和 $K_4Fe(CN)_6 \cdot 3H_2O$ 中 Fe^{2+} 的最外层电子结构及配键类型。

莫尔盐、$FeSO_4 \cdot 7H_2O$ 和 $K_4Fe(CN)_6 \cdot 3H_2O$ 的摩尔磁化率理论值如下：

χ_M(莫尔盐,298 K)=155.8×10^{-9} m³/mol

χ_M($FeSO_4 \cdot 7H_2O$,298 K)=140.7×10^{-9} m³/mol

χ_M[$K_4Fe(CN)_6 \cdot 3H_2O$,298 K]=−2.165×10^{-9} m³/mol

七、思考题

1. 在相同的励磁电流下，前后两次测定的结果有无差别？磁场强度是否一致？在不同的励磁电流下测得样品的摩尔磁化率是否相同？

2. 样品的装填高度及其在磁场中的位置有何要求？如果样品管的底部不在磁极的极缝中心，对测定结果有何影响？标准样品和待测样品的装填高度不一致对实验有何影响？同一样品的装填高度不同对实验有无影响？

3. 装样不平引入的误差有多大？影响本实验结果的主要因素有哪些？

八、分析与讨论

1. 理论上，由于摩尔磁化率是物质的特性，在不同励磁电流下测得样品的摩尔磁化率应相同。但是，即使在相同的励磁电流下，前后两次测定的结果也会有差别。这是因为，电磁铁磁芯所用的磁导材料不是理想的软磁体，在电流为零、没有外加磁场时，存在一定的剩磁。因此，升降电流时，在相同的电流强度下，实际产生的磁场强度有一定的差异。在测定磁化率时，采用励磁电流由小到大、再由大到小的方法，就是为了抵消剩磁对实验结果的影响。

2. 影响磁化率测定的因素很多，其中主要因素有 2 个：制样方式和样品管在磁场中的位置。

(1) 制样方式：样品要磨细且均匀，样品粉末要填实，装填高度与磁极上沿平齐，且待测样品与标准样品要保持相同的填充高度。如果样品粉末不能压紧、压平，测定高度误差将比较大，导致样品顶端磁场强度出现偏差。在实验容许的高度范围内，对于同一样品，在不同的装填高度下测得的磁化率相同，对实验无影响。但是，标准样品和待测样品的装填高度不一致会影响实验结果，因为只有二者高度一致，装填体积才相同，才能在算式中抵消。

(2) 样品管在磁场中的位置：样品管的底部要位于磁极极缝的中心，与两磁极的距离相等。极缝中心位置是磁场梯度为零的点。样品管的底部要位于磁极极缝的中心，以保证样品位于有足够梯度变化的磁场中，减小测定的相对误差。如果样品管的底部不在极缝中心，则样品有可能处于梯度相反的磁场中，受到的一部分磁力会被抵消，使测定结果偏低。

3. 实验测得各样品的 μ_m 值比理论计算值稍大。这是因为，理论上仅考虑电子自旋运动对磁化率的贡献，实际上电子的轨道运动也会对某些中心离子（如 Fe^{2+}）产生影响。这就造成实验测得的 μ_m 值偏大，由式(27-11)计算得到的 n 值也比实际的不成对电子数稍大。

九、实验探究与拓展

1. 物质的磁性与分子的微观结构密切相关。物质磁性的强弱主要取决于其电子轨道运动对磁矩的贡献。对第一过渡系元素形成的配合物而言，其磁性强弱不仅与中心离子的轨道特性有关，而且与配位体的性质密切相关。试运用晶体场理论和分子轨道理论对测定结果进行分析，总结不同配位体对物质磁性影响的一般规律。

2. 查阅文献，研究 $FeSO_4 \cdot 7H_2O$ 的结晶水与摩尔磁化率的关系。

实验 28 X 射线衍射分析实验

一、实验目的

1. 了解粉末 X 射线衍射仪的结构和工作原理。
2. 掌握利用粉末 X 射线衍射仪对物相进行定性分析的方法和步骤。
3. 了解使用相关软件处理 X 射线衍射测试结果的基本方法。

二、实验原理

1912 年,劳埃等人根据理论预见并通过实验证实,X 射线与晶体相遇时能发生衍射现象。这一发现证明 X 射线具有电磁波的性质,是 X 射线衍射学的里程碑。当一束单一波长的 X 射线入射到晶体表面时,由于晶体由原子规则排列成的晶胞组成,这些规则排列的原子间的距离与入射 X 射线波长有相同数量级,故由不同原子散射的 X 射线相互干涉,在某些特殊方向上产生强 X 射线衍射。这些衍射线在空间中的分布方位和强度与晶体结构密切相关。衍射线空间方位与晶体结构的关系可用布拉格方程表示:

$$2d\sin\theta = n\lambda \tag{28-1}$$

式中:d 为晶面间距;n 为反射级数;θ 为掠射角;λ 为 X 射线的波长。布拉格方程是 X 射线衍射分析的根本依据。

根据晶体对 X 射线的衍射特征(衍射线的位置、强度及数量)来鉴定结晶物质物相的方法,称为 X 射线物相分析法。每一种结晶物质都有各自独特的化学组成和晶体结构。没有任何两种物质,它们的晶胞大小、质点种类及其在晶胞中的排列方式是完全一致的。因此,当 X 射线被晶体衍射时,每一种结晶物质都有自己独特的衍射花样,可以用衍射晶面间距 d 和衍射线的相对强度 I/I_1 来表征。其中 d 与晶胞的形状和大小有关,I/I_1 则与质点的种类及其在晶胞中的位置有关。由此可见,任何一种结晶物质的衍射数据 d 和 I/I_1 都是其晶体结构的必然反映,可用于鉴别结晶物质的物相。

X 射线衍射对所有物质(从流体、粉末到完整晶体)而言都是重要的无损分析工具。在材料科学、物理学、化学、地质学、环境科学、生物学等领域,X 射线衍射都是物质结构表征、新材料研制与开发、材料组织和微观结构认识、产品质量控制不可缺少的方法。X 射线衍射仪主要用于物相分析(物相鉴定与定量分析)、晶体学测量(晶粒尺寸分析、晶面指标化、点阵参数测定、晶体结构解析等)、薄膜分析(薄膜厚度、密度、表面与界面粗糙度测定及层序分析,高分辨衍射测定单晶外延膜结构特征)、织构分析、残余应力分析、原位动态分析(在不同温度、气氛与压力条件下研究材料结构变化)、微量样品和微区成分分析等。

三、实验仪器与样品

本实验使用 DX-2700B 型 X 射线衍射仪,如图 28-1 所示。

图 28-1　X 射线衍射仪

(一)仪器实验参数

1. 阳极靶的选择。阳极靶是产生 X 射线光源的材料。X 射线衍射所能测定的晶面间距 d 的范围取决于靶材产生特征 X 射线的波长。一般 X 射线衍射所需测定的 d 值范围为 0.1~1 nm。为使这一范围内的衍射峰易于分离,需要选择波长适宜的特征 X 射线。

选择阳极靶的基本要求:尽可能避免靶材产生的特征 X 射线激发样品的荧光辐射,降低衍射花样的背底噪声,使图样清晰。当 X 射线的波长稍短于试样成分元素的吸收限时,试样强烈吸收 X 射线,并激发产生成分元素的荧光 X 射线,使背底增高、信噪比降低,对衍射结果产生不利影响。

建议根据试样所含元素的种类来选择可产生适宜特征 X 射线波长的阳极靶。一般测试使用 Cu 靶,但样品中含有 Fe、Co 等元素时,对 Cu 靶产生的特征 X 射线有较强吸收,此时可选用 Co、Fe 或 Cr 靶等。此外,如果希望在低角度得到高指数晶面衍射峰,或希望减少吸收的影响,可选用特征 X 射线波长较短、穿透能力较强的 Mo 靶。

2. 扫描范围(2θ)的确定。不同测试目的对应的扫描范围不同。当选用 Cu 靶进行无机化合物的物相分析时,扫描范围一般可设为 10°~80°;对于高分子、有机化合物的物相分析，扫描范围一般设为 $5°\sim60°$；对样品进行定量分析、点阵参数测定时，一般只需要扫描以待测衍射峰角度为中心的几度范围。

3. 管电压和管电流的选择。由于连续 X 射线的强度与管电压的平方成正比，特征 X 射线与连续 X 射线的强度之比随着管电压的增大接近一个常数。但是，当管电压超过激发电压的 5 倍时，这个比值反而变小，导致信噪比降低。X 射线管的工作电压一般设为靶材临界激发电压的 3～5 倍。靶材元素的原子序数越大，激发电压就越高。选择管电流时，X 射线管的功率（管电压和管电流的乘积）不能超过 X 射线管的额定功率。X 射线管经常使用的负荷为最大允许功率的 80% 左右，较低的管电流可以适当延长 X 射线管的寿命。

4. 发散狭缝的选择。发散狭缝的宽度决定了 X 射线水平方向的发散角，直接影响样品被 X 射线照射的面积。如果使用较宽的发射狭缝，虽然可以增大 X 射线强度，但在低角度的入射 X 射线可能超出试样测试范围，照射到样品架上，导致谱图中出现样品架的衍射峰或漫散峰，对定量分析产生不利影响。因此，有必要根据测试目的选择合适的发散狭缝宽度。生产厂家一般提供 $(1/6)°$、$(1/2)°$、$1°$、$2°$、$4°$ 的发散狭缝，定性分析通常选用 $1°$ 发散狭缝。当低角度衍射特别重要时，可以选用 $(1/2)°$ 或 $(1/6)°$ 的发散狭缝。

5. 接收狭缝的选择。接收狭缝的大小影响衍射线的分辨率。接收狭缝越小，分辨率越高，衍射强度越低。生产厂家一般提供 0.15 mm、0.3 mm、0.6 mm 的接收狭缝。定性分析时通常使用 0.3 mm 的接收狭缝，对测定精度要求高时可使用 0.15 mm 的接收狭缝。

6. 滤波片的选择。为除去不需要的 K_β 线，使用滤波片是最简单的单色化方法。此方法利用滤波片的吸收限进行滤波，但只能获得近似单一波长的 X 射线。原子序数比靶材元素小 1 或 2 的元素，其 K 吸收限波长正好在靶材元素的 K_α 和 K_β 波长之间。因此，对于各种元素制成的靶材，理论上都能找到一种元素用于制成 K_β 滤波片。使用 K_β 滤波片还可以吸收大部分连续 X 射线。滤波片材料可根据靶材元素确定：当 $Z_{靶}<40$ 时，$Z_{滤}=Z_{靶}-1$；当 $Z_{靶}\geqslant40$ 时，$Z_{滤}=Z_{靶}-2$（$Z_{靶}$ 为靶材元素原子序数，$Z_{滤}$ 为滤波片元素原子序数）。

7. 测量方式选择。

(1) 连续扫描。采用连续扫描时，扫描速度对测量精度有较大影响。随着扫描速度的加快，滞后效应加剧，衍射峰高下降，峰形向扫描方向拉宽，峰位向扫描方向偏移。在可能的情况下，尽量选用较慢的扫描速度。常规物相定性分析常采用每分钟 $2°$ 或 $4°$ 的扫描速度，点阵参数测定、微量分析或定量分析常采用每分钟 $(1/2)°$ 或 $(1/4)°$ 的扫描速度。

(2) 步进扫描。采用步进扫描时，步进宽度和步进时长对测量结果都有影响。

选择步进宽度时,主要考虑两点:①步进宽度一般不应大于接收狭缝宽度;②在衍射峰形变化剧烈的情况下,要选用较小的步进宽度,以免遗漏衍射细节。步进时间越长,统计误差越小,准确度和灵敏度越高,但测量时间会延长。若要获得高分辨率、高准确度和高灵敏度,宜选用较小的步进宽度、较长的步进时间。但是,步进扫描测量相当费时,因此,在满足测试任务要求的前提下,不宜选用过小的步进宽度和过长的步进时间。

(二)实验样品

X 射线衍射分析的样品主要有粉末样品、块状样品、薄膜样品、纤维样品等。样品不同,分析目的不同(定性分析或定量分析),样品制备方法也不同。

1. 粉末样品。X 射线衍射分析的粉末样品必须满足两个条件:晶粒细小,无择优取向(取向排列混乱)。通常将样品研细后使用,可用玛瑙研钵研细。定性分析时,样品粒度应小于 44 μm(350 目);定量分析时,应将样品研细至粒度为 10 μm 左右。用拇指和中指捏住少量粉末并捻压,无颗粒感时粒度大致为 10 μm。

常用的粉末样品架为玻璃样品架(在玻璃板上蚀刻出 20 mm×18 mm 的样品填充区),粉末样品较少时(500 mm³ 以下)使用。填充时,将粉末一点一点加入填充区,重复操作,使粉末样品均匀分布,用玻璃板压平压实,要求样品表面与玻璃表面平齐。如果样品量少,不能充分填满填充区,可在玻璃样品架凹槽里先滴一层用乙酸戊酯稀释的火棉胶溶液,然后将粉末样品撒在上面,干燥后测试。如果样品量非常少,可取微量样品放入玛瑙研钵中研细,然后将研细的样品置于单晶硅样品架上,滴数滴无水乙醇,使微量样品在单晶硅片上分散均匀,乙醇完全挥发后测试。

2. 块状样品。先将块状样品待测表面研磨抛光(待测表面不超过 20 mm×18 mm),然后用橡皮泥从背面将样品粘在通孔铝样品架上,要求样品待测表面与铝样品架表面平齐。

3. 薄膜样品制备。将薄膜样品剪成合适大小,用透明胶带粘在玻璃样品架上。

四、实验步骤

1. 打开电源,将水循环制冷装置开关拨至"RUN",顺时针旋转红色开关,打开衍射仪主机。

2. 将制好的样品置于衍射仪样品台上。

3. 在电脑桌面上双击 X 射线衍射分析软件,依次点击"测量""样品测量",进入样品测量界面。

4. 待仪器自检完成,设定控制参数(起始角度不得小于 5°,电流、电压参数不要改动)。

X 射线衍射仪操作规程

5. 点击"开始测量",弹出文件保存路径对话框,命名后保存。此时,仪器开始采集数据,数据将显示在控制界面上。数据采集结束,数据将自动保存在指定的文件里。

6. 重复步骤 2~5,扫描下一个样品。

7. 全部工作完成后,点击软件控制界面左上角的退出键,将弹出对话框,询问是否退出高压,点击"是"。

8. 待仪器顶部的高压指示灯熄灭,逆时针旋转红色开关,关闭衍射仪电源。

9. 关闭电脑,继续通冷却水,5~10 min 后关闭循环水制冷装置,关闭总电源开关。

五、注意事项

1. 开机前,先开水泵,后开衍射仪主机和电脑电源。

2. 打开 X 射线衍射分析软件后,只点击"测量"下拉菜单中的"样品测量",其他的选项不可以随意点击。

3. 设置控制参数时,测量方式只能选择"步进扫描"。

4. 测试完成,关闭高压、退出软件后,先关衍射仪电源,水泵继续运行 5~10 min后再关闭水泵电源。

六、数据记录与处理

(一)数据处理(Jade 软件)

测试完毕,可将样品测试数据存入磁盘,以便随时调出处理。对原始数据进行曲线平滑、$K_{\alpha 2}$ 扣除、谱峰寻找处理,打印样品的衍射曲线和 d、2θ、衍射峰强度、衍射峰宽等数据,用于分析鉴定。

(二)结果分析(定性分析)

1. 三强线法。

①从前反射区($2\theta < 90°$)中选取强度最大的三根线,并按强度递减的次序排列。

②在数字索引中找到对应的 d_1(最强线的面间距)组。

③按次强线的面间距 d_2 找到接近的几列。

④检查这几列数据中的第三个 d 值是否与待测样品的数据对应,再查看第四至第八强线数据并进行对照,最后从中找出最可能的物相及其卡片号。

⑤找出可能的标准卡片,将实验所得的 d 及 I/I_1 与卡片上的数据进行对照。如果完全一致,物相鉴定即完成。如果待测样品的数据与标准卡片上的数据不一致,则须重新排列组合并重复步骤②~⑤。

如为多相物质,找出第一物相之后,可将其线条剔出,并对剩余线条的强度重新归一化,再按步骤①~⑤进行检索,直到完成所有物相的鉴定。

2.特征峰法:对于经常使用的样品,应该充分了解并掌握其衍射谱图,根据其谱图特征进行初步判断。例如,在 26.5°左右有一强峰,在 68°左右有五指峰出现,则可初步判定样品含 SiO_2。

七、思考题

1. 简述 X 射线衍射分析的特点和应用。
2. 简述 X 射线衍射仪的工作原理。
3. 粉末样品制备有几种方法?各有什么注意事项?
4. 利用粉末 X 射线衍射图鉴定物相时有哪些注意事项?

附 录

附录1 物理化学实验习题汇编

一、选择题

1. 不需要用恒温槽的实验是(　　)。
   A. 蔗糖燃烧热的测定　　　　　　B. 电导法测定弱电解质的电离平衡常数
   C. 最大泡压法测定液体的表面张力　D. 乙酸乙酯皂化反应速率常数的测定

2. 需要用恒温槽的实验是(　　)。
   A. 无水乙醇饱和蒸气压的测定　　B. 氨基甲酸铵分解反应平衡常数的测定
   C. 阴极极化曲线的测定　　　　　D. 蔗糖燃烧热的测定

3. 用精密水银温度计进行温度测定时需要进行露茎校正,这是因为(　　)。
   A. 温度计精度不够　　　　　　　B. 温度计水银球所处的位置不合适
   C. 玻璃和水银的热膨胀系数不一样　D. 所有的温度计都要进行露茎校正

4. 利用全浸式温度计测温时,为校正测定误差,可进行露茎校正。$\Delta t_{露茎} = kl(t_{观} - t_{环})$,式中 l 是露茎高度,是指露于被测物之外的(　　)。
   A. 毫米表示的水银柱高度　　　　B. 温度差值表示的水银柱高度
   C. 厘米表示的水银柱高度　　　　D. 环境温度的读数

5. 在室温和大气压力下,用凝固点降低法测定物质的摩尔质量,如果所用溶剂的正常凝固点为 6.5 ℃,要在比较接近平衡状态的情况下进行冷却,则应调节冰水浴的温度为(　　)。
   A. 2.5~3 ℃　　　B. 6~7 ℃　　　C. 2.0~2.5 ℃　　　D. 0 ℃左右

6. 实验室(已知大气压力是 101.325 kPa)的真空烘箱上接一个压力真空表,如果该表头指示值是 99.75 kPa,则烘箱内的实际压力是(　　)。
   A. 201.08 kPa　　B. 101.33 kPa　　C. 99.75 kPa　　D. 1.575 kPa

7. 在测定水的饱和蒸气压的实验中,如果采用缓冲瓶稳定体系的压力,那么调节体系压力的活塞应安装在(　　)。
   A. 体系与 U 型压力计之间　　　B. 体系与缓冲瓶之间
   C. 缓冲瓶与抽气泵之间　　　　　D. 以上三种位置都不对

8. 用静态法测定液体饱和蒸气压时,防止空气倒灌的正确做法是(　　)。

　　A. 及时减压

　　B. 每次减压 5 kPa 左右

　　C. 大气压下,温度升至 80 ℃ 左右时维持几分钟

　　D. 保证各接口不漏气

9. 用等压计法测定纯物质的饱和蒸气压时,下列操作中不正确的是(　　)。

　　A. 测定前,加热至液体沸点以上,以排除等压计内的空气

　　B. 如果测定过程中空气倒灌入等压计,必须先排除空气再进行测定

　　C. 降温至两液面平齐时读取温度和压差,并及时抽气减压

　　D. 为缩短实验时间,可向恒温水浴中加入自来水,以加快降温速度

10. 在饱和蒸气压测定实验中,等压计中残留空气对测定结果的影响是(　　)。

　　A. 液体沸点偏低　　　　　　B. 液体沸点偏高

　　C. 液体沸点不变　　　　　　D. 测定的压力差偏高

11. 用等压静态法测定液体饱和蒸气压时,调压进气的条件是(　　)。

　　A. 只在恒温后调压　　　　　B. 气泡冒完后才能调压

　　C. 边加热边调压　　　　　　D. 空气排尽且温度稳定后才能调压

12. 饱和蒸气压测定实验中,防止空气倒灌最有效的措施是(　　)。

　　A. 增大缓冲空间　　　　　　B. 增加真空脂的用量

　　C. 提高系统气密性,减小进气量　　D. 减小缓冲空间

13. 压力低于大气压的系统称为真空系统,下列压力范围中属于高真空系统的是(　　)。

　　A. $10^{-5} \sim 10^{-3}$ Pa　　　　B. $10^{-3} \sim 10^{-1}$ Pa

　　C. $10^{-6} \sim 10^{-1}$ Pa　　　　D. 以上均不准确

14. 在玻璃真空系统中安装稳压瓶的作用是(　　)。

　　A. 降低系统的真空度　　　　B. 增大测定的压力差

　　C. 缩小系统真空度的波动范围　　D. 提高系统的真空度

15. U 形管水银压力计加隔离液(如甘油、液状石蜡)的作用是(　　)。

　　A. 增大测定的压力差　　　　B. 降低测定的压力差

　　C. 防止汞蒸发扩散　　　　　C. 缩小测定压力的波动范围

16. 下列方法中不能用于测定液体饱和蒸气压的是(　　)。

　　A. 静态法　　　B. 动态法　　　C. 电导法　　　D. 饱和气流法

17. 克拉佩龙-克劳修斯方程推导过程中引入了几点假设,其中不包括(　　)。

　　A. $V_g \gg V_l$(或 V_s)　　　　B. 蒸气视为理想气体

　　C. 相变焓不随温度变化　　　　D. 液体的沸点不能大于 100 ℃

18. 如果测得的蔗糖燃烧热值偏低,且检查仪器及各项操作都无问题,那么造成偏差的原因可能是(　　)。
    A. 测定的系统误差 B. 测定的偶然误差
    C. 燃烧不完全引起的过失误差 D. 药品不纯引起的过失误差

19. 关于用氧弹热量计测定苯甲酸燃烧热的实验,下列说法中错误的是(　　)。
    A. 向氧弹充入氧气后必须检查气密性
    B. 为加速传热,桶中的水要加速搅拌
    C. 时间安排要紧凑,以减少体系与介质的热交换
    D. 水当量的测定和有机物燃烧实验的条件要一致

20. 测定热效应(如燃烧热或溶解热)时,采用雷诺温度校正图是为了校正(　　)引起的误差。
    A. 体系与环境的热交换 B. 搅拌引起的热效应
    C. 生成物形成引起的热效应 D. A和B两项的热效应

21. 燃烧热的测定实验中,温度校正需要借助(　　)。
    A. 雷诺曲线 B. 标准线 C. 吸放热曲线 D. 溶解度曲线

22. 若要测定物质在293 K时的燃烧热,则实验应该(　　)。
    A. 无法测定该温度下的燃烧热 B. 将内筒温度调至293 K
    C. 将外筒温度调至293 K D. 将室内温度调至293 K

23. 在双液系气-液平衡相图测定实验中,常常根据折射率确定浓度,下列说法中不正确的是(　　)。
    A. 测定所需试样量小 B. 对任何双液系都适用
    C. 折射率的测定简单 D. 折射率测定时间短、速度快

24. 下列仪器中可以用来测定双液系气-液平衡相图的是(　　)。
    A. 沸点测定仪、调压仪、旋光仪
    B. 沸点测定仪、调压仪、阿贝折光仪、恒温槽
    C. 量筒、沸点测定仪、调压仪
    D. 分析天平、阿贝折光仪、恒温槽

25. 下列体系中不是完全互溶双液系的是(　　)。
    A. 环己烷-乙醇 B. 苯-乙醇 C. 环己烷-水 D. 盐酸-水

26. 在挥发性双液系平衡体系中,测定平衡时气液组成通常使用的仪器为(　　)。
    A. 阿贝折光仪 B. 旋光仪 C. 分光光度计 D. 贝克曼温度计

27. 对于具有恒沸点的双液系,在恒沸点时,下列说法中不正确的是(　　)。
    A. 气液两相组成相同 B. 气液两相的组成可以用杠杆规则计算
    C. 改变外压可以改变恒沸点 D. 不可以用精馏的方法分离两组分

28. 沸点测定仪的气相取样口与液面距离大,会导致(　　)。
    A. 对相图无影响　　　　　　　B. 气相线向上移动
    C. 气相线向下移动　　　　　　D. 相区扩大

29. 关于利用阿贝折光仪测定液体的折射率的操作,下列说法中错误的是(　　)。
    A. 应该事先用标准溶液对折光仪的零点进行校正
    B. 应调节至视场内呈现清晰的明暗界限
    C. 要保证折光仪测定过程恒温
    D. 样品要均匀滴在棱镜镜面上

30. 实验室绘制水-乙酸-氯仿三元相图时,一般采用(　　)。
    A. 色谱法　　　　　　　　　　B. 溶解度法
    C. 热分析法　　　　　　　　　D. 电导法

31. 在热分析法测定二元合金相图实验中,纯金属、低共熔合金、其他组成合金步冷曲线上的转折点分别有(　　)个。
    A. 1、1、2　　B. 1、2、2　　C. 1、2、1　　D. 2、1、2

32. 在二元合金相图测定实验中,假设一纯样品的熔点是 270 ℃,实验过程中应该先预加热到(　　)。
    A. 270 ℃　　B. 290 ℃　　C. 320 ℃　　D. 370 ℃

33. 纯金属样品的步冷曲线上,平台部分出现过冷现象是因为(　　)。
    A. 金属部分氧化　　　　　　　B. 冷却速度过快
    C. 冷却速度过慢　　　　　　　D. 金属中混有少量杂质

34. 二组分合金相图中,最低共熔点的相数是(　　)。
    A. 一相　　B. 两相　　C. 三相　　D. 四相

35. 完全互溶双液系气-液平衡相图中,关于混合物沸点的说法中正确的是(　　)。
    A. 出现一个最小值　　　　　　B. 出现一个最大值
    C. 介于两个纯组分沸点之间　　D. 以上皆有可能

36. 某溶液沸腾时的温度低于恒沸点,其中一个组分在气相中的浓度大于在液相中的浓度,那么该组分沸腾前的原溶液浓度(　　)。
    A. 小于最低恒沸点的组成浓度　　B. 小于最高恒沸点的组成浓度
    C. 大于最低恒沸点的组成浓度　　D. 大于最高恒沸点的组成浓度

37. 下列关于电导测定应用的说法,错误的是(　　)。
    A. 测定弱电解质的电离度和电离常数
    B. 测定某些反应的速率常数和活化能
    C. 测定物质的溶解度
    D. 可以用于电导滴定

38. 电导池的大小和形状对测定的电导数据的影响是（　　）。
    A. 大小无影响,形状有影响　　　　B. 大小有影响,形状无影响
    C. 都没有影响　　　　　　　　　　D. 都有影响

39. 在氨基甲酸铵的分解反应平衡常数测定实验中,下列物理量中不能直接测定的是（　　）。
    A. 大气压　　　B. 系统压力　　　C. 温度　　　D. 反应焓变

40. 要求 HAc 的无限稀释摩尔电导率,可利用（　　）。
    A. 实验测定　　　　　　　　　　　B. 离子独立运动定律
    C. 德拜-休克尔极限定律　　　　　D. 法拉第电解定律

41. 测定电导池常数时忘记电解质溶液的加入量,会导致测定结果（　　）。
    A. 偏小　　　B. 偏大　　　C. 不变　　　D. 不确定

42. 在被测溶液电导值未知的情况下,电导率仪的量程应设置为（　　）。
    A. 最大量程　　B. 最小量程　　C. 中间量程　　D. 任意量程

43. 测定一系列不同浓度 HAc 溶液的电导时,一般按浓度（　　）的顺序测定。
    A. 任意　　　B. 由稀到浓　　　C. 由浓到稀　　　D. 以上都对

44. 温度一定时,HAc 溶液的电离度随着溶液浓度的减小而（　　）。
    A. 不变
    B. 增大
    C. 减小
    D. 变化虽然有规律,但是不明显

45. 氨基甲酸铵的分解反应中使用等压计,其中封闭液的选择很重要,下列选项中最适合作封闭液的是（　　）。
    A. 水　　　B. 液状石蜡　　　C. 硅油　　　D. 水银

46. 下列物质中适合用电导法测定电离平衡常数的是（　　）。
    A. 乙酸钠　　　B. 乙酸　　　C. 稀盐酸　　　D. 稀硫酸

47. H_2O_2 分解反应动力学实验中,反应 2 min 左右开始收集 O_2 并测定其体积的原因是（　　）。
    A. 使反应液混合均匀　　　　　　B. 使反应液溶解的氧气达到饱和
    C. 使反应平稳地进行　　　　　　D. 赶走反应容器中的空气

48. 测定 H_2O_2 在 KI 水溶液中的均相催化分解反应速率常数时,合理的加料顺序是（　　）。
    A. 无所谓先后　　　　　　　　　B. 两者一起加入
    C. 先加 KI,后加 H_2O_2　　　　　D. 先加 H_2O_2,后加 KI

49. 乙酸乙酯皂化反应动力学实验中,若以 NaOH 加入一半时作为起点计时,则测定结果会( )。

    A. 偏小   B. 偏大   C. 不变   D. 以上都不对

50. 乙酸乙酯皂化反应动力学实验中,若乙酸乙酯为提前配制,则测定的电导值( )。

    A. 偏小   B. 偏大   C. 不变   D. 以上都不对

51. 乙酸乙酯皂化反应动力学实验中,电导随时间的变化情况是( )。

    A. 先变大后变小   B. 减小至稳定值

    C. 增大至稳定值   D. 先变小后变大

52. 乙酸乙酯皂化反应动力学实验中,若等体积混合的乙酸乙酯的浓度大于 NaOH 的浓度,则 $k(\kappa_0-\kappa_t)$ 表示( )。

    A. 乙酸乙酯的起始浓度   B. NaOH 的起始浓度

    C. 反应过程中 NaOH 的浓度   D. 反应过程中乙酸乙酯的浓度

53. 下列关于蔗糖水解实验中蔗糖与盐酸混合的描述,正确的是( )。

    A. 用移液管移取盐酸溶液,慢慢加入蔗糖溶液中

    B. 用移液管移取蔗糖溶液,慢慢加入盐酸溶液中

    C. 分别配制盐酸溶液和蔗糖溶液,然后同时加入另外一个容器

    D. 将锥形瓶中的盐酸溶液迅速倒入盛有蔗糖溶液的锥形瓶

54. 蔗糖水解反应速率常数测定实验中,如果配制的蔗糖溶液浓度偏小,则测得的结果会( )。

    A. 偏小   B. 偏大   C. 不变   D. 不确定

55. 蔗糖水解反应速率常数测定实验中,如果配制的盐酸溶液浓度偏小,则测得的结果会( )。

    A. 偏小   B. 偏大   C. 不变   D. 不确定

56. 最大泡压法测定溶液的表面张力实验中,毛细管常数 K 与( )相关。

    A. 室温   B. 毛细管半径

    C. 减压的鼓泡速度   D. 溶液浓度

57. 最大泡压法测定溶液的表面张力实验中,压力表显示恒压滴液漏斗的压力增大,却无气泡生成,最可能的原因是( )。

    A. 滴液速度太快   B. 系统漏气

    C. 毛细管尖端被堵   D. 毛细管口没入溶液

58. 对于大多数液体,表面张力随温度的变化率( )。

    A. 大于零   B. 小于零   C. 等于零   D. 不确定

59. 下列关于最大泡压法测定溶液的表面张力实验的描述,错误的是(   )。
    A. 毛细管要洁净
    B. 毛细管口要平整
    C. 毛细管垂直插入溶液且每次插入深度保持不变
    D. 毛细管口垂直并且与液面相切

60. 弯曲液面产生的附加压力(   )。
    A. 不等于零   B. 大于零   C. 小于零   D. 等于零

61. 一般液体的表面张力不大,最大泡压法测定溶液的表面张力实验中毛细管的内径一般为(   )。
    A. 0.2~0.3 mm   B. 0.3~0.4 mm
    C. 0.4~0.5 mm   D. 0.1~0.2 mm

62. 液体在能被它完全润湿的毛细管中上升的高度反比于(   )。
    A. 空气压力   B. 毛细管半径   C. 液体的黏度   D. 液体的表面张力

63. 最大泡压法测定表面张力实验中,气泡最大时其曲率半径与毛细管半径之间的关系是(   )
    A. 气泡曲率半径大于毛细管半径   B. 气泡曲率半径小于毛细管半径
    C. 气泡曲率半径等于毛细管半径   D. 不确定

64. 乙醇水溶液表面张力随其浓度的变化规律是(   )。
    A. 两者呈线性关系
    B. 随浓度增大,表面张力减小,减小幅度先小后大
    C. 两者呈反比关系
    D. 随浓度增大,表面张力减小,减小幅度先大后小

65. 下列关于电极制备过程的叙述,错误的是(   )。
    A. 制备铜电极时被测铜电极作为阳极
    B. 制备锌电极时需要作汞齐化处理
    C. 饱和甘汞电极要保证电极液内有固体 KCl
    D. 原电池的正负极一定要连接正确

66. 步冷曲线各段的斜率与(   )有关。
    A. 样品熔点和环境温度的差值
    B. 降温速率
    C. 物质凝固热的大小
    D. 仪器本身的精密度

67. 步冷曲线中水平段的长短与（　　）有关。

   A. 凝固热(对于纯物质)

   B. 析出量(对于混合物)

   C. 降温速率

68. 实验中电解完成后,先(　　),同时应(　　),然后(　　)。

   A. 分别迅速把电解池中三个电极区的溶液转移至已称重的磨口锥形瓶中,并分别置于台秤上称重

   B. 迅速取出库仑计中负极金属片,用蒸馏水洗净,用无水乙醇淋洗,干燥后称重

   C. 用移液管从各区溶液中分别移取 25 mL 溶液,转移至 250 mL 锥形瓶中,用福尔哈德法分别测定它们电解后的浓度

69. 根据朗缪尔吸附等温线的原理,溶液吸附(　　)在等温条件下进行。

   A. 必须　　　　B. 不必　　　　C. 不能

70. 测定固体比表面积时所用溶液中溶质的浓度要适当,即(　　)应处于合适的范围内。

   A. 初始溶液的浓度

   B. 吸附平衡后的浓度

   C. 初始溶液的浓度以及吸附平衡后的浓度

71. 在使用最大泡压法测定乙醇溶液的表面张力时,气泡产生的速度最好维持在每分钟(　　)个。

   A. 8～12　　　　B. 3～4　　　　C. 18～20

72. 气泡在毛细管底端形成时,半径会经历(　　)的过程。

   A. 由小到大　　　　　　B. 由大到小

   C. 由大到小再到大　　　D. 由小到大再到小

73. 使用微压差测定仪测定气泡产生的最大压力差时,应读取(　　)。

   A. 最小值　　　　B. 最大值　　　　C. 最小值和最大值之差

74. 电化学实验中通常用(　　)作为参比电极,用(　　)作为辅助电极。

   A. 玻碳电极　　　　B. 铂丝　　　　C. 汞/氧化汞电极

75. 由不同转速下电流密度随电极电势变化的极化曲线可知,在动力学控制区,电流密度与电极的转速(　　),而极限扩散电流密度随着转速增大而(　　),并且与转速的平方根(　　)。

   A. 增大　　　　　　　　B. 无关

   C. 呈线性关系　　　　　D. 无法判断

二、判断题

1. 为获取水的平均蒸发热数据,必须用热量计做量热实验。(   )
2. 用氧弹热量计测定燃烧热属于直接测定。(   )
3. 用氧弹热量计测定燃烧热时,体系与环境没有热交换。(   )
4. 用氧弹热量计测定燃烧热时,温差必须经过作图校正。(   )
5. 在双液系相图测定实验中,待测样品溶液配制必须确保准确性。(   )
6. 测定二元溶液的气-液相图时,必须等体系达到热平衡时才能取样。(   )
7. 恒沸溶液有确定的组成,但是其组成会随体系的压力变化而变化,这是其与化合物的区别。(   )
8. 若某样品的步冷曲线上只有"平台",没有拐点,则可以判断该样品为纯组分金属。(   )
9. 当低共熔混合物体系的合金组分步冷曲线上出现"平台"时,可以认为该"平台"为三相共存。(   )
10. 步冷曲线上"平台"的长度与析出物的数量成正比。(   )
11. 步冷曲线上"平台"的长度与析出物的组成成正比。(   )
12. 测定丙酮碘化反应的反应级数,不可以采用分光光度法。(   )
13. 测定丙酮碘化反应的反应级数,采用的是孤立变量法。(   )
14. 完全反应后 NaAc 溶液的电导率可以代表乙酸乙酯皂化反应的 κ_∞。(   )
15. 反应起始时刻 NaOH 溶液的电导率可以代表乙酸乙酯皂化反应的 κ_0。(   )
16. 乙酸乙酯皂化反应体系的电导率与反应物的浓度无关。(   )
17. 乙酸乙酯皂化反应的半衰期与反应物起始浓度成正比。(   )
18. 乙酸乙酯皂化反应体系的电导率随着反应的进行而降低。(   )
19. 电池的电动势可以直接用电压表测定。(   )
20. 电池的电动势应该用电位差计测定。(   )
21. 胶粒的 ζ 电势大小与胶体的聚结不稳定性有关。(   )
22. 胶粒的 ζ 电势与介质的黏度无关。(   )
23. 若纯物质的凝固热大、降温速率慢,则步冷曲线上水平段变长。(   )
24. 金属成分相同而组成不同的步冷曲线水平段长短一样。(   )
25. 对于含量粗略相等的二组分混合物,步冷曲线上的第一个拐点不易确定,而其低共熔点可以准确测定。(   )
26. 步冷曲线上出现水平段,表明该系统处于三相平衡状态。(   )
27. 双液系气-液平衡相图中,确定平衡温度后,平衡的气液相组成将确定。(   )
28. 当完全互溶双液系对拉乌尔定律有最大正偏差时,其温度-组成图中将出现最高恒沸点。(   )

29. 在最低恒沸点处,系统的自由度等于0。(   )
30. 只有存在未成对电子的物质才具有永久磁矩,在外磁场中表现逆磁性。(   )
31. 物质的磁化率是由物质的本性决定的,是一个固定的数值。(   )
32. 物质的磁化率与所处的磁场强度没有关系。(   )
33. 测定物质的磁化率时,样品不需要研磨。(   )
34. 测定物质的磁化率时,待测样品与标准样品的填充高度应该相同。(   )
35. 测定钝化曲线,既可以采用恒电位法,也可以采用恒电流法。(   )
36. 铁电极在酸性溶液中比在中性溶液中易钝化。(   )
37. 极化曲线是指电极电势与电流之间的关系曲线。(   )
38. 测定极化曲线时,测定灵敏度越高越好。(   )
39. 测定极化曲线时出现"Overflow",应调高测定灵敏度。(   )
40. 测定乙醇溶液的表面张力时,应按照浓度从低到高依次进行。(   )
41. 测定乙醇溶液的折光率和表面张力时,不需要使用相同浓度的溶液。(   )
42. 测定乙醇溶液的表面张力时,如果毛细管末端插入溶液内部,会使测得的表面张力变大。(   )
43. 可以根据负极金属片上所沉积的金属的物质的量计算总电量,不可以根据通过电解池的电流强度和通电时间计算总电量。(   )
44. 电解完成后,应迅速取出库仑计中负极金属片,用蒸馏水洗净,干燥后在分析天平上称重,记下数据。(   )
45. 吸附量 Γ 按下式计算:$\Gamma = \dfrac{(c_0 - c)}{m} V$。式中:$c_0$ 为乙酸溶液的起始浓度;c 为吸附达平衡时乙酸溶液的浓度。(   )
46. 固液吸附实验中活性炭颗粒应均匀、干燥。(   )

扫码查看习题答案

附录2　物理化学实验报告模板

项目	预习报告	实验操作	实验记录	数据处理及结果分析	思考题	总分	教师签名
	10分	30分	10分	30分	20分	100分	
分数							

班级：_____　　学号：_____

姓名：_____　　日期：_____

实验题目：

一、预习报告

（包括实验目的、实验原理、所用仪器、原料的基本物性及毒性、实验步骤等，此部分可打印，反应方程式和实验装置图等可手写、手绘）

二、实验记录

（对实验过程和实验现象的描述应详细，实验数据记录应清晰；此部分为手写，实验结束后由实验教师签字）

三、数据处理及结果分析

（如有描述实验现象或产物的照片，请打印出来粘贴在报告中）

四、思考题（或心得体会）

参考文献

[1] 王前.凝固点降低法测定摩尔质量实验的优化改进[J].首都师范大学学报(自然科学版),2018,39(5):54—58.

[2] 王立格,韦金昱,陈守基,等.结晶水对硫酸铜的摩尔磁化率的影响[J].广西师范大学学报(自然科学版),1996,14(4):66—68.

[3] 车冠全,裴利言,郑国康.凝固点降低法测二元稀溶液的活度系数[J].兰州大学学报,1984(S2):182—188.

[4] 北京大学化学学院物理化学实验教学组.物理化学实验[M].4版.北京:北京大学出版社,2002.

[5] 江豪,淳远,李唐,等.从燃烧热测量求算化学反应热:"燃烧热的测定"实验改进[J].大学化学,2023,38(10):288—292.

[6] 阮秀琴,尹家卉.氢氧化铁胶体制备与性质实验的改进[J].化学教育,2015,36(10):29—31.

[7] 李亚洲.基于Fe配合物中自旋效应和双重活化策略催化CO_2还原及机理的研究[D].淮北:淮北师范大学,2022.

[8] 李爱炳.电池电动势测定实验中要注意的几个问题[J].合肥师范学院学报,2010,28(6):48—49.

[9] 吴振玉,赵辰妍,李晓宇,等."原电池电动势的测定"实验的改进与拓展设计[J].长春师范大学学报,2023,42(2):143—150.

[10] 张俊,李云平,王保玉.经典物理化学实验:蔗糖转化反应的改进与综合[J].科技信息,2010(28):6.

[11] 张小艳,白艳松,彭圣明.物理化学电势-pH实验教学的拓展与探索性分析[J].实验室科学,2023,26(3):4—8,13.

[12] 陈平,赵佳,吴振玉,等.$AgNO_3$/KI配比对电泳法测定AgI胶体Zeta电势的影响及实验现象探讨[J].池州学院学报,2015,29(3):138—140.

[13] 陈志云,杜常飞,安学勤,等.用凝固点降低法测定AOT的聚集数及活度系数[C]//中国化学会化学热力学和热分析专业委员会.中国化学会第十五届全国化学热力学和热分析学术会议论文摘要,2010:229.

[14] 武常春,赵亮,许志强,谢复新,等.四氮杂大环铜(Ⅱ)参与的新型振荡反应实验研究[J].无机化学学报,1996(2):121—125.

[15] 范悦庭,徐策,曹葵.利用测量数据拟合直线法测定中和热[J].中学化学教学参考,2022(11):48-50.

[16] 郑传明,吕桂琴.物理化学实验[M].2版.北京:北京理工大学出版社,2015.

[17] 孟德坤,周南,林世泉,等.电动势法测定硫酸铜的离子迁移数[J].大学化学,2021,36(12):74-78.

[18] 复旦大学,等.物理化学实验[M].庄继华,等修订.3版.北京:高等教育出版社,2004.

[19] 袁誉洪.物理化学实验[M].2版.北京:科学出版社,2021.

[20] 徐济德,倪诗圣,汪明华.别洛索夫-扎鲍京斯基(B-Z)振荡反应:一个中级无机化学实验[J].大学化学,1986,1(1):36-39.

[21] 唐致远,薛建军,李建刚,等.聚合物电解质离子迁移数的测定方法[J].化学通报,2001(5):312-315,308.

[22] 唐梦环,王良,谢永生,等.连续排水法测定 H_2O_2 分解反应级数和速率常数实验[J].重庆三峡学院学报,2015,31(3):83-86.

[23] 崔萍,赵燕萍,李先红.求算 ζ 电势的一种新方法[J].广州化工,2005,33(4):71-72.

[24] 樊红霞,韦美菊,柴成文,等.新工科视域下物理化学实验的延展性探索:以二组分固-液相图绘制实验为例[J].化学教育(中英文),2022,43(18):78-81.